——女孩必须懂的人生哲理／父母送给女孩的贴心成长礼物

做个
更棒的女孩

周贞慧 编

关爱成长系列读本

课本里没有教的学习方法，
贴近青春期女孩心理的好故事，
筑梦女孩未来的金钥匙！

江西人民出版社
Jiangxi People's Publishing House
全国百佳出版社

为女孩开启成长加油站，为青春大声喝彩！

GUANAI CHENGZHANG XILIE DUBEN ZUO GE GENG BANG DE NÜHAI

图书在版编目（CIP）数据

做个更棒的女孩/周贞慧编. —南昌：江西人民出版社，2018.11

ISBN 978-7-210-10884-9

Ⅰ.①做… Ⅱ.①周… Ⅲ.①女性－成功心理－青少年读物

Ⅳ.①B848.4-49

中国版本图书馆CIP数据核字(2018)第239853号

关爱成长系列读本·做个更棒的女孩

周贞慧 编

策划编辑：袁　卫　童晓英

责任编辑：吴丽红　袁　卫

文字编辑：袁　卫

装帧设计：杨思慧

出　　版：江西人民出版社

发　　行：各地新华书店

地　　址：江西省南昌市三经路47号附1号

编辑部电话：0791-86898873

发行部电话：0791-86898815

邮政编码：330006

网　　址：www.jxpph.com

E-mail：jxpph@tom.com　web@jxpph.com

2018年11月第1版　2018年11月第1次印刷

开　　本：710mm×1000mm　　1/16

印　　张：14

字　　数：179千

ISBN 978-7-210-10884-9

定　　价：39.80元

承 印 厂：北京彩虹伟业印刷有限公司

赣版权登字—01—2018—823

版权所有　侵权必究

赣人版图书凡属印制、装订错误，请随时向承印厂调换

做个更棒的女孩

人生犹如一场远行，会遭遇狂风暴雨，会直面拦路荆棘，唯有真正的勇者，才能成功到达目的地。

成长需要历练，年纪尚轻的青少年人生经验不足，社会阅历欠缺，成长也只能循序渐进。然而，对于成长，其实有一条捷径摆在我们面前，这条捷径就是——阅读。一个人一辈子只能真实经历一种人生，但是，阅读能让我们体味一千种人生的酸甜苦辣。

阅读让人清醒。大千世界，无奇不有。阅读让我们看到那些不切实际的虚荣外表下空洞贫乏的内心，阅读让我们明白那些眼花缭乱的光鲜辞藻里苍白无力的灵魂。阅读让人明智与聪慧，也只有阅读，才能让人发现自己的无知与狭隘，不断提醒自己：不要停下前进的脚步，还有无数未知等待我们去探索。

阅读让人坚强。没有经历过风雨的人才会因为一点乌云就惊慌，没有了解过人生的人才会被人生的未知吓倒，没有品尝过生活酸甜苦辣的人从来不知道生活的精彩。通过阅读，你会发现世界上有不断突破自我极限的女运动员，有百折不挠的女科学家，她们都是女孩成长路上的榜样。

阅读让人温暖。漫漫长夜，阅读的人从来不觉得孤独。他们通过阅读探寻丰富有趣的世界，拥抱并肩作战的朋友，挥洒勇气与热情的汗水，阅读给予他们自我，给予他们朋友，甚至给予他们对手。阅读的人如此幸运，他们从来不会拥有一颗寂寞无趣的心。

阅读让人成长。千篇一律的人生让人平庸，没有成长的人生味同嚼蜡。阅读，让我们瞻仰知识的伟岸，沐浴智慧的光辉，发现世界的精彩。失意时，捧一本好书，能让我们放下苦恼，调整心态；迷茫时，读一本好书，能让我们找到努力的方向；孤寂时，看一本好书，能让我们思考人生的意义。

人生需要阅读，成功需要阅读，青少年更需要阅读。为此，我们为青少年准备了一份特别的礼物——《做个更棒的女孩》。这本书，我们通过大量科学调查研究，总结女孩发育、性格、成长的特点，特别挑选了一系列贴近女孩生活、激发女孩兴趣、开阔女孩视野、启迪女孩智慧、塑造女孩个性、培育女孩意志的故事，希望女孩能够实现自我、超越自我，成为更优秀的人。

当然，书中除了启迪人心的故事，我们还特别加入了"女孩成长加油站"和"关爱女孩成长课堂"这两个栏目，为女孩们提供了许多实用的方法论指导，能够让女孩更通透地理解故事的内涵，更深入地解析生活的真谛，更有效地加强能力的培养。

阅读，让女孩看到世界的美妙。一本好书，能成为女孩成长道路上的指路明灯、历练征途中的锦囊妙计、人生风雨里的温暖港湾。阅读一本好书，从阅读《做个更棒的女孩》开始！愿每一个女孩都胸怀伟大理想，拥有美好品质，感受快乐成长，拥抱幸福人生！

目录

第一章　自信是女孩成功的秘诀

第二章　做不惧风雨的铿锵玫瑰

第五章 有上进心的女孩最美丽

第六章 女孩要懂的沟通法则

第七章　有好习惯才拥有好命运

第八章　女孩的魅力源于修养

自信是女孩成功的秘诀

相信自己

　　周小小一出生，她的爸爸妈妈就十分注重对周小小普通话能力的培养，因此和其他同学相比，周小小一口字正腔圆的普通话在同学们中很是突出。平时在课堂上，语文老师也总是喜欢让周小小来给大家朗诵课文，但是羞涩的小小由于缺乏自信，很多时候都是婉拒老师，说自己没有准备好，要不就只敢小声地朗读。语文老师为了让周小小树立起自信心，绞尽脑汁想了不少的法子，但是小小过于害羞、怯懦的性格还是没有改变。

　　某一天，学校通知要在全校范围内举办一场朗诵比赛，老师觉得这是一个很好的锻炼机会，可以让周小小展现自己的风采，建立起自信心，于是便帮周小小报名参加这次朗诵比赛。

　　为了在比赛中取得好成绩，每天下课后，语文老师总是耐心地陪着小小一遍遍地练习朗诵。在老师一次次的指导和鼓励下，小小终于能克服自己的恐惧，在全班同学面前大声朗诵了。

　　但是到了比赛的那一天，想到自己是第一次站在全校的老师和同学面前朗诵文章，周小小的内心还是十分紧张。她越想越害怕："万一站在台上忘词了怎么办？万一朗诵的时候结巴了怎么办？万一同学们觉得我朗诵得不好怎么办……"她内心打起了退堂鼓，找到老师说要放弃这场比赛。

　　老师知道周小小的想法后，从包里拿出一张折好的白纸递给她，说道："这张纸上我写好了几个关键的提示词，无论你忘了哪一段，只要打开这张纸，看到上面的提示词后你马上就可以想起来。"周小小握着老师给她的这张纸条，心里顿时就踏实了许多，转身走向了演讲台。

也许是手里的纸条给了周小小信心，她在朗诵过程中不仅没有忘词，而且发挥得比任何一次练习都要好，她精彩的朗诵赢得了台下观众热烈的掌声。

周小小不负众望拿到了朗诵比赛的冠军，当她向老师致谢时，老师却笑着对她说："你打开那张纸条看看。"周小小打开那张纸条，上面只写着五个字——相信你自己。老师说道："小小，帮助你夺得冠军的不是别人，而是你自己，是你战胜了胆怯，找回了自信。只要你愿意相信自己，你就能走向成功。所以，无论未来你面对什么困难和挑战，请你一定保持自信。"

女孩成长加油站：

在我们的生活和学习中，每个人都会遇到各种各样的挑战。面对这些挑战，有的人会感到惶恐和无措，最终白白错失机会；而有的人能够牢牢地把握住机会，走向成功。会得到哪种结果，一个很重要的因素就是，你是否对自己有足够的信心。就像威尔逊说的那样："要有自信，然后全力以赴，任何事情十之八九都能成功。"

关爱女孩成长课堂

女孩怎样让自己变得自信

英国哲学家培根曾经说过："深窥自己的心，而后发觉一切的奇迹在你自己。"

在人生的道路上，每个想要获得成功的人都不能缺少自信，拥有自信，就拥有创造奇迹的无限可能。那么女孩应该怎样让自己变得自信呢？

首先，让自己变得自信，要从注意自己的仪表做起。

一是要保持整洁的外表和得体的衣着；二是要学会在交谈时直视对方的眼睛，不要左顾右盼，也不要低头露怯；三是时刻保持良好的仪态，走路时昂首挺胸，站立时笔直挺拔，坐下时身体端正。良好的体态仪表能为你塑造自信的气场。

其次，让自己变得自信，要学会给自己正面的心理暗示。

日常生活中，很多人习惯了在遇到困难的时候轻易就说出"我不行""我不会"，就像故事中的周小小，因为胆怯和不自信，在机会来临时总是忍不住打退堂鼓。因此，想要做一个自信的人，就要学会用积极向上的语言鼓励自己，经常在心里告诉自己"我可以""我很棒"，时间长了，这种正面的心理暗示会转化成自信的力量，让你变得越来越优秀。

最后，让自己变得自信，要从实际行动做起。

自信不是自大，不是夸夸其谈，它建立在一个人对自我的清醒认知和认真努力之上。想要成为一个自信的人，一方面要在事情来临之前做好充足的准备，另一方面不能好高骛远，要学会为自己树立合适的目标。

只有脚踏实地、循序渐进，一点一点地达成自己的目标，才能让自信之花常开不败。

自信的女孩最美丽，自信的人生最精彩，请培养你的自信吧！

信念创造奇迹

在美国历史上，有一位赫赫有名的长跑女将，她叫派蒂·威尔森，她在十七岁那年，打破了女性长跑的吉尼斯世界纪录，她的亲笔自传《派蒂，跑啊！》被无数女孩摆在床头，奉为经典。她用她的亲身经历，证明了只要有不屈的信念，任何人都能创造奇迹。

派蒂在很小的时候，就被确诊患有癫痫症，这对于她的家庭来说无异于晴天霹雳。癫痫症是一种会反复发作的短暂脑功能失调症，患者平时可以像普通人一样正常生活，但是一旦发病，如果不能及时得到治疗，很可能会危及生命。因此，派蒂从小就不能进行剧烈运动，也不能离开他人的视线，当别人都在奔跑玩耍的时候，她只能安静地坐在一边观看。

面对这样的人生，派蒂很不甘心。有一次，她看到喜欢长跑的爸爸准备出门运动，再也忍不住了，于是跑过去对爸爸说："爸爸，我想和你一起跑步！"

爸爸吃惊地停了下来，他看着派蒂渴望的眼神和坚毅的表情，认真地思考了一会儿，最终答应了派蒂的请求："好的，你可以和我一起跑步，如果途中你发病了，我也知道该怎么处理。"

得到爸爸支持的派蒂十分兴奋，她跟在爸爸身后开始了长跑。虽然一开始并不能跑很远，但是随着时间的推移，她对跑步这项运动越来越热爱，也越来越得心应手，奔跑的长度也在不断增加。最让人惊喜的是，在跑步期间，她的癫痫一次也没有发作过。

尝到了运动的乐趣，派蒂萌生了新的想法，在一次长跑结束后，她告

诉爸爸："我想挑战女性长跑的世界纪录。"

当时，女性最远的长跑纪录是128.7千米，这对于一个癫痫病人来说，几乎是不可能完成的事情。但是，派蒂并没有气馁，她坚信自己可以做到，并且为自己制定了一份详细的计划。

在之后的日子里，派蒂一直在为实现这个目标而努力。高一的时候，她在父亲的陪伴下，从自己家所在的橘郡跑到了旧金山，全程643.6千米；高二的时候，她在跑往俄勒冈州的波特兰的路上扭伤了脚踝，不顾医生的劝告，在进行了简单的应急处理后，忍着脚踝的剧痛跑到了最后，全程2413.5千米；高中最后一年，她花了整整四个月的时间，从美国西海岸跑到东海岸，全程3218千米，在抵达终点华盛顿的时候，派蒂受到了美国总统的接见。

"跑步不是我一时的兴趣，而是我一辈子的挚爱。我坚持跑步是要向所有人证明，身体有缺陷的人一样可以坚持做自己想做的事。"派蒂这样对人们说。

派蒂用自己坚定的信念和顽强的意志力创造了生命的奇迹，为我们树立了人生的榜样，正如爱默生所说："去做事吧，你将会拥有一股神奇的力量。"而这股名为"信念"的力量，会带领我们走向成功。

女孩成长加油站：

荣获诺贝尔文学奖的挪威女作家温塞特有一句名言："如果一个人有足够的信念，他就能创造奇迹。"派蒂的故事告诉我们，别人认为你能做到的程度和你实际能做到的程度，这之间的差距，一定程度上是由你的信念决定的。成功不是偶然，只有拥有永不磨灭的信念的人，才会最终获得命运的垂青，实现人生的价值。

关爱女孩成长课堂

女孩怎样确立人生的信念

信念是什么？信念是能让人在黑暗中永不停止探索的力量，信念是能让人在失败中仍然不放弃奋斗的勇气，信念是能让人在挫折中不忘却自己追求的动力。俄国著名画家列宾曾经说过："没有原则的人是无用的人，没有信念的人是空虚的废物。"任何一个想要取得成功的人，都不能没有坚定的信念。女孩们想要树立坚定的信念，可以从以下几个方面做起：

树立坚定的信念，首先要坚定自己的信念。信念是不能变来变去的，只有始终如一、坚定不移的认知才能被称作信念。因此，想要树立坚定的信念，就要让自己养成习惯，不管做什么事情，在开始前都告诉自己："我一定能行！我一定能做得到！"过程中不管遇到多大的困难，都不要害怕，也不要放弃，坚定自己的信念，直到达成目标。

树立坚定的信念，其次要多给自己正面激励。在日常生活中，女孩们要让自己远离那些消极的言论，多接触那些拥有正能量的人，从成功者的经验中汲取养分，不断地督促自己向优秀的人看齐，远离拖延和沮丧、犹豫的氛围，从内在和外部环境中给予自己更多的正面鼓励。

树立坚定的信念，还需要时时提醒自己保持专注。外面的世界精彩纷呈，让人很容易就迷失在各种诱惑当中，这时候就需要你将自己的信念写下来，贴在每天能够看到的地方，用重复提醒来增加潜意识的影响，强化自己的信念，并最终使之成为生命的一部分。

自信是成功的第一步

　　小林出生在一个普通家庭里，她的父母都是农民，而她是家中长女，她还有三个年幼的弟弟妹妹。小林从小就喜欢画画，但是贫穷的家境并不能提供资金让她接受专业的培训。

　　因为家庭条件差，她甚至买不起画纸和画笔，只能拿一根树枝在家门口的泥地里画画。直到她上初中时，才在一位欣赏她的老师的帮助下，第一次踏进画室，并用笔在纸上作画。

　　有了更为专业的绘画工具和老师的指导，再加上小林本身的勤奋、刻苦，她的绘画技巧很快就有了提升，左邻右舍也常说她将来必定会成为一位大画家。

　　而这让一位跟小林同住一个镇上的男生起了嫉妒心，小林和男生一同考上了县城里的高中，班上的同学经常拿两人做对比，认为这个男生没有小林优秀，男生对此十分不满，更看不惯小林。为了"教训"小林，男生想了个坏主意。

　　男生假装好心地让小林和自己同去参加一个绘画比赛，说是为了增长见识、提升自身能力，小林高兴地答应了。但她不知道的是，参加这场比赛的画手无一不是从小就受过专业训练，并且大多数都是参加过专业比赛的人，根本不是小林这种业余新手可以相比的，跟这些人一起参加比赛，小林不仅毫无胜算，自信心更会受到重重的打击。

进入赛场后，看着里面表情严肃的画手，小林顿时生出一种前所未有的紧张感。等到比赛正式开始，看着大家明显比她高出许多的绘画功底，小林心里更是生出了强烈的自卑情绪。这样的情绪直接影响了她的发挥，让她原本尚算及格的绘画水平在比赛中完全发挥不出来。

坐在小林旁边的选手在看到她的画作时，脸上露出了嘲讽的神色，就连一旁的老师也皱眉不经意地撂下一句："画得这么差也敢来比赛。"小林如坐针毡，差点哭出来，内心的自信更是被击得粉碎。

比赛结束后，小林心灰意冷地回到家里，她决定彻底放弃画画。她把练习的画册和画笔通通装进一个纸盒子里，并用胶带将盒子封了起来。

小林的二妹深知姐姐对绘画的喜爱，她来到小林面前，将盒子重新打开，并拿出练习画册，将其翻开："姐姐，难道你忘了自己有多喜爱画画吗？以前没有纸和笔，你还在泥地里用树枝画，为什么现在有了更好的条件，你却因为一次嘲笑和打击就要放弃？你现在放弃，除了让自己伤心难过，不会有任何人同情你。只有让自己不断进步，才能让曾经嘲笑和看不起你的人收声啊！"

二妹的话如醍醐灌顶一般让小林清醒过来，她也明白了以自己现在的水平，根本无法同比赛场上的那些人相比。从此以后，小林更加勤奋地去练习绘画，并用积攒的零用钱报了专业的绘画辅导班，同时常常向专业老师和优秀的同学请教。

一年后，小林再次报名参加了那场险些终结了她绘画生涯的比赛。只是这次，她不再一味去看别人的画作有多么优秀，而是专注于自己的绘画上。她很清楚自己这一年以来是如何努力的，因此对自己充满了信心。

事实也证明了小林的勤奋努力是值得的，她在此次比赛中取得了不俗的成绩，让那个嫉妒她的男生刮目相看。

多年后，小林成了知名画家，想起这一段过去，她总是忍不住回忆起妹妹的话，告诉自己不要遇到一点困难就轻易放弃。

女孩成长加油站：

自信是绽放在心里的花朵，不要因为外界的嘲笑就轻易地让自己心里的花朵枯萎！人不自信，谁人信之？正如莎士比亚所说："自信是成功的第一步。"人只有先相信自己，才能达到自己期望达到的境界，成为自己期望成为的人。

在这个故事里，小林的成功固然跟她的勤奋、刻苦有关，但如果她对自己没有信心，又怎么能坚持下来呢？正是自信，让小林有了持之以恒的勇气，让她在嘲笑中不放弃、不抛弃，最终走向人生的高峰。

关爱女孩成长课堂

怎样做一个自信的女孩

什么是自信？自信是在认识自己的基础上，相信自己能够成功，并因此形成的一种坦然面对一切艰难险阻的心理状态。自信是对自身能力的正面评估，是一种健康、积极的个人品质。自信不是天生的，但每个女孩都可以通过努力，培养出自信心。

首先，培养自信，要学会培养耐心。不是你想要自信，就能立刻拥有的，自信心的养成需要时间。所以，如果你是一个缺乏耐心的人，那么当务之急就是培养出自己的耐心。无论是学习一项技能，还是想做成一件事情，耐心都是必不可少的，也是一切良性循环的起点。

其次，培养自信，要学会正确评估自己的能力。自信不是自大，没有人是无所不能的。所以，在培养自信心的时候，你要朝自己最擅长也最感兴趣的方面去努力。找准方向，心无旁骛，才能不断提升自己，从而收获信心。

最后，培养自信，要学会正确面对一时的失败。故事中的小林因为一次失败差点一蹶不振，但其实真正可怕的不是失败，而是失去对自己的信心。当遭遇失败的时候，不妨停下来想一想，哪个人能没有失败呢，失败不过是很正常的一件事。

另外，还有一个细节，夜晚比白天更容易令人沮丧，所以如果一件事暂时不顺利，不要在夜晚做决定，好好睡一觉，等到天亮的时候，自信会随着太阳一起升起。

上天赋予的美好

贝琪最近很苦恼，前段时间她和班上的同学们一起出去游泳，换好泳衣之后，同班女生刘冰突然惊讶地瞪大了眼睛，嘴里还发出夸张的惊呼："哇！贝琪！你的胸部好大啊！"

话音刚落，整个更衣室的女生们都转过头来盯着贝琪的胸部看，贝琪窘得满脸通红，只能徒劳地用手去遮挡，女生们看到她害羞的样子，纷纷笑嘻嘻地移开了目光。

这个小插曲让贝琪接下来的时间都很不自在，她本来特别喜欢游泳，但是当她到了泳池之后，却总觉得周围人的目光都在朝她看，她只好远远地离开人群，躲在泳池的角落里不敢下水。

学校的游泳池是男女生分开使用，所以这边的泳池只有女生。贝琪偷偷在角落里观察别的女生的胸部，再对比自己的，果然发现自己的胸部比别人的大上一圈。这个发现让贝琪觉得羞耻极了，怎么会这样呢？以前不是都和别人差不多吗？为什么这大半年的时间突然长大了这么多？怪不得最近妈妈给她买的背心式胸衣都紧了。

贝琪胡思乱想了半天，最后草草结束了这一天的游泳活动。但是，让她没想到的是，从这一天开始，关于她胸部比别人大的事情，好像很多同学都知道了。每当她下课后去上卫生间，从走廊里经过时，都能感觉到其他人在背后对着她指指点点，更糟糕的是，还有讨厌的男生一看见她就故意吹口哨，吹完后一群男生在那里哈哈大笑。

这样的事情发生过几次之后，贝琪吓得连人群中都不敢去了。她也不敢告诉老师和父母，只能偷偷地把苦恼藏在心里。为了不引起别人的注意，贝琪走路含着胸，看起来就像驼背了一样。但是，即使是这样，那些讨厌的议论声也没有停止。

于是，贝琪想出了一个新办法。她受电视剧上女扮男装的情节启发，偷偷从网上买来了布条，清晨起床后把自己的胸部紧紧地缠起来。她对着镜子一看，好像真的变平了一些，这让贝琪喜出望外，虽然用布条缠胸会让她很不舒服，但是为了不被人议论，她觉得自己可以忍受这点不舒服。

可是，谁也没想到，几天后的体育课上，贝琪突然在跑步的时候晕倒在地。等到老师紧张地把她送到医院，医生诊断后才发现她是因为胸部束缚过紧导致呼吸困难才会晕倒。等护士帮她把束胸的布条解开后，贝琪很快就醒了。

闻讯赶来的妈妈听说了贝琪晕倒的原因，又好气又好笑。她把贝琪接回家里，认真地和贝琪进行了一次谈话，谈到最后，妈妈对她说："傻孩子，身为一个女孩，不管胸部是大是小，都是上天给你的美好馈赠啊，这并没有什么可羞耻的。相反，因为你的过度在意，不仅伤害了自己的身体，还失去了自信，这才得不偿失呢。"

第二天，贝琪回到学校，刘冰第一个迎上来给了她一个拥抱，同时悄悄在她耳边说："贝琪，对不起，都是因为我的话让你误会了，其实你不知道我们多羡慕你呢，以后你千万不要再束胸了啊！"

贝琪笑了。在之后的日子里，她按照妈妈教她的方法，穿上了合适的内衣，改变了过去含胸驼背的走路方式，不再将注意力放到别人的关注和议论上。渐渐地，她走出了心理的误区，重新找回了自信，再一次融入到了集体当中。

又一次游泳活动到来的时候，贝琪换上了漂亮的泳衣，化身一道美丽的风景，在泳池中自由自在地徜徉着。

女孩成长加油站:

女孩像花,随着年龄的增长,会逐渐绽放在岁月的花圃中。每个女孩都应该正确看待自己成长过程中身体发育带来的变化,因为那是你长大的标志。一个女孩,只有懂得欣赏自己的美好,学会自信,才能得到别人的欣赏和尊重。

关爱女孩成长课堂

女孩怎样正确面对青春期的烦恼

女孩在进入青春期后,无论是生理还是心理,都会进入快速成长的阶段。在此期间,周围发生的一些小事都有可能会影响到女孩细腻敏感的心灵。故事中的贝琪在面对自己的生理变化时,因为害羞等因素让她走进了心理的误区,不仅影响到了自己的身体健康,还在人际交往中失去了自信。为了避免这种情况,女孩应该学会用正确的态度面对青春期的烦恼。

第一,青春期的女孩要正确看待身体的发育。进入青春期后,胸部的发育是女孩必经的阶段,是女孩告别童年进入青春期的标志。所以,这个时候不需要害羞,因为这说明你正在成长,是值得骄傲的一件事情。

第二,青春期的女孩要学会正确对待别人的目光。多动、好奇是青春期学生的重要特征,再加上这个阶段的男生和女生已经有了非常明确的性别意识,难免会出现像故事中贝琪遇到的窘境。这个时候,女孩们不要因为别人的指指点点就轻易否定自己,而是要学会大大方方地展示自己的美好,自信是制止流言最有效的方法。

第三,青春期的女孩要学会倾诉。进入青春期的女孩会更加敏感,对很多事情都会产生困惑，在觉得自己无法处理或者想不通的时候，要学会向身边的人请教。请教的对象可以是你的妈妈，可以是年长的女性朋友或者长辈，她们度过青春期的智慧会帮你走出迷茫，让你对自己有更加清醒的认识，从而更好地发现人生的美好。

每个人都有自己的优点

森林里有一只老鼠，整天闷闷不乐。它觉得自己外形不佳，本领又小，还是森林里社会地位最低的那一个，这样的自己简直一无是处！于是它便去求森林之神，说："尊敬的森林之神啊，请您让我成为一只身材轻盈的猫吧。"

森林之神同意了，于是老鼠变成了猫。但它还没开心几天，又有了新的问题，它发现猫怕狗，于是又去求森林之神，说："尊敬的森林之神啊，请您让我成为高大雄健的狗吧。"森林之神又同意了。

但是紧接着，它发现狗害怕狼，狼害怕老虎……如此一路变化过来，老鼠最终变成了大象。

看着自己水中的倒影，老鼠想：现在自己谁也不怕了吧？

"吱吱——"忽然，一只老鼠从它脚边窜过，并在它的脚上咬了一口，大象笨重的身体一个晃悠，栽进了河里。

见状，老鼠懵了，它从没想过，在它眼中本应是森林中最伟岸的动物——大象，竟然害怕老鼠！

　　这时，森林之神将老鼠变回了它原本的样子，并温柔地说道："每个人都有自己的缺点，但是，每个人也都有自己的优点。一味去羡慕他人是没用的，我们要学会发掘自身的长处，不断让自己变得更强大。"

　　老鼠听了这话，恍然大悟。外表的强壮并不能代表一切，内心的强大，才是真正的强大。

　　14世纪至17世纪，一场科学与艺术的革命在西欧各地扩展、盛行。因为人们对艺术的推崇，优秀的艺术家也备受喜爱与追捧。

　　亚德里恩是比耳镇上小有名气的年轻画家，他年纪尚轻，作品无法同名气鼎盛的前辈相比，但也是不可轻视的新生代人物。有眼光的商人和贵族想着趁早拉拢他，镇上的姑娘也对他频频示好。

　　一位名叫克里斯汀的女孩，相貌平凡，家境清苦，与其他姑娘相比，她就像一只不起眼的丑小鸭。

　　美貌的姑娘靠外表吸引年轻画家的视线；富商的女儿借购买作品的机会接近年轻画家；还有出身于贵族的千金小姐，直接、热烈、大胆地表达心意……对于这些女孩，克里斯汀心生羡慕，同时也倍感自卑。

　　她只敢远远相望，连主动打招呼都不敢，跟年轻画家的交流只有几次，还是在对方来跟她买花的时候。

　　很快，女孩的母亲注意到自家女儿的心思，她不解地问："为什么你不大胆一些呢？"

　　女孩低下头，说出自己的担忧和自卑之处。

　　母亲摇摇头，表示不赞同："这世上有富裕就有贫穷，有美丽就有平凡，你不该让这些难以改变的外在条件限制自己，而是应该想办法将自己的长处发扬光大。你要知道，外在的东西总会随着时间的流逝逐渐消失，只有内在的品质才会不断沉淀、加深。你要学会自信，勇敢踏步前进。"

　　女孩听了母亲的话，恍然大悟。她不再因自己的家世而自卑，也不再因自己的容颜而退却，后来，她因为善于培育花朵，获得年轻画家的称赞，并最终与他步入婚姻的殿堂。

女孩成长加油站：

再美丽的外貌随着时间的流逝，也会有湮灭的那一天；再雄厚的资产，也有可能是一夜间骤然失去的身外之物。唯独内在的品质会随着时间的流逝不断被打磨，陪伴终生。

自信是对自己的肯定，不管别人如何优秀，也不管别人如何看待你，我们决不能吝啬于鼓励自己。多点自信，我们的眼光会更加高远，心胸会更加宽广，生活也会变得更加美好。正如伟大的作家高尔基所言："只有满怀自信的人，才能在任何地方都怀有自信地沉浸在生活中，并实现自我的意志。"

▌关爱女孩成长课堂

女孩怎样发掘自身的优点

世界上没有人十全十美，但也没有人一无是处。每个人都有自己的闪光点，在人生的道路上，善于发掘自身优点并使之产生价值的人，总是更容易走向成功。现实生活中，想要做一个自信从容的女孩，一定要学会发掘自身的优点。

发掘自身的优点，要发现并发掘自己的兴趣爱好。

天分是可遇不可求的，但是爱好人人都有。静下心来，想一想自己有

什么兴趣爱好，然后将它们列出来，找出自己最喜欢、可行性最高的那一项，将它作为自己的目标。

发掘自身的优点，要学会将兴趣爱好转化为能力。

兴趣是最好的老师，在确定自己的兴趣后，要加强对兴趣的探索和学习，多参加一些和兴趣有关的活动，多做和兴趣有关的事情，从中发现自己的优势所在，并将之发扬光大。

发掘自身的优点，要善于听取别人的意见。

俗话说："当局者迷，旁观者清。"一个人对自我的审视有时候会不够客观，这个时候，可以多听取一些别人对自己的评价，听取合理的意见，找出自己的长处和闪光点，并在今后的学习和生活中发扬光大。

属于自己的风采

在这座小镇上，所有人都知道安琪拉是凯瑟琳的跟班，只要凯瑟琳出现，安琪拉永远都像影子一样跟在后面。

但是，每当人们提起她们两个的时候，总是会说："哎呀，真是搞不懂，为什么凯瑟琳会愿意和安琪拉交朋友。"

是啊！连安琪拉自己也知道，和骄傲得像白天鹅一般的凯瑟琳比起来，她就像是一只丑小鸭。特别是她每次看到凯瑟琳跳舞的样子，都会觉得那是自己遥不可及的梦想。

就像现在，热闹的学校大礼堂里，正在进行着校庆节目的最后排练。在台下无数道惊艳的目光中，凯瑟琳像一个美丽的公主一样缓缓走上台，她穿着洁白的舞衣，舒展优美的身姿，举手投足之间都洋溢着自信的风采，赢得了台下阵阵掌声。

安琪拉也和大家一样拼命鼓掌，但是只有她自己知道，和其他人单纯的欣赏不同，她心中更多的是羡慕，为什么她不能像凯瑟琳一样自信又优秀，然后让所有人都喜欢自己呢？

排练结束，大礼堂里的人陆陆续续都走了，连一向和安琪拉同进同出的凯瑟琳也被簇拥着走远了，安琪拉被所有人遗忘了，一个人孤独地坐在角落里，默默地看着空荡荡的礼堂。

终于，礼堂里的灯依次熄灭，只剩下舞台上的最后一盏灯还在散发着柔和的光芒。安琪拉的心中突然升起一个念头，她像是被一种莫名的力量所吸引，站起身来一步一步朝着舞台走去。

终于，她站在以前从没登过的舞台上，望着台下空荡荡的观众席，开始模仿起刚才凯瑟琳的舞蹈动作，因为没有音乐，所以她只能自己哼唱起刚才的伴舞乐曲。

没有人知道，甚至连安琪拉自己也从来没有注意到，其实她有一副非常动人的嗓子，特别是她唱歌的时候，就像是唤醒了另一个沉睡的自己，整个人都在发光。

夜深了，安琪拉忘记了时间，一个人不知疲倦地在舞台上跳着舞，唱着歌，她不知道自己跳得好不好，因为没有人会为她鼓掌，但是她觉得很开心，她已经很久没有这么开心了。

不知道过去了多久，就在安琪拉已经数不清自己跳了多少遍，唱了多少遍的时候，寂静的礼堂里突然响起清脆的掌声。

"你的歌唱得真不错！能告诉我你叫什么名字吗？"

　　一个身影从黑暗中走出来，安琪拉认出那是学校里负责校庆节目的约克老师，他英俊又迷人，而且才华横溢，是全校女生的偶像。

　　如果是平时，也许安琪拉根本没有勇气和他说一句话，但是现在，安琪拉却鬼使神差地反问了一句："真的吗？约克老师，您真的觉得我唱得不错吗？那您觉得我的舞跳得怎么样？"

　　她急切地想要得到肯定，但是约克老师摇摇头："刚才我在这里看了很久，你的特长并不在跳舞上，不过你的歌声非常动人，给我带来了很大的惊喜。虽然现在校庆节目已经定了开场舞，但是还缺少一个主唱，你愿意来试一试吗？"

　　"我……我可以吗？"安琪拉不敢相信地瞪大了眼睛。

　　"你相信自己可以，当然就可以。"约克老师笑了，他鼓励地伸出手来，"如果你想通了，明天可以到办公室来找我。"

　　一周后，校庆节目如期上演，凯瑟琳如愿以偿地担任了整场节目的领舞。但是令所有人没想到的是，承担了主唱任务的竟然是平时默默无闻的安琪拉。

　　不过，在她开口的一瞬间，大家的质疑瞬间烟消云散，那美好的声音如同天籁，触动了每个人的内心。

　　而台上的安琪拉，终于不再是那个被众人忽视的丑小鸭，她平凡的脸庞因为自信而显露出了美丽的光彩，优美的歌声在整个礼堂中久久回荡。

女孩成长加油站：

　　当你羡慕别人的长处时，往往会忽略自己的优点。故事中的安琪拉就是这样，她因为众人的评价和自己的自卑而一味地躲在凯瑟琳的阴影里，甚至会下意识地模仿对方的舞蹈，却忘记发掘自己唱歌的优势，直到约克老师的出现，才让她找到了自信。

所以，我们要记住，真正的自信并不是通过和别人的比较而获得的，而是立足于自身的优点，创造出属于自己的价值，这才是真正的自信。

关爱女孩成长课堂

女孩怎样创造自己的价值

"每个人都有他隐藏的精华，和任何人的精华都不同，它使人具有自己的气味。"这是法国作家罗曼·罗兰的名言。对自我的肯定是自信的前提，而对自我的否定则是自卑的根源，女孩们要吸取故事中安琪拉的教训，不要让自卑蒙蔽了双眼，让自己裹足不前。

想要创造自己的价值，首先要消除比较心理。世界上没有两片完全相同的树叶，同样，也没有两个完全相同的人。不要经常拿自己去和别人做比较，学会将注意力从别人身上收回来，与其花时间去羡慕别人，不如沉下心来认识和提升自己。

想要创造自己的价值，其次要改变从众心理。人们总是更关注那些已经成功的人和事，希望自己能成为下一个幸运儿。但成功是不可复制的，一味地模仿，带来的只会是东施效颦的结果。你必须让自己放弃这种念头，不人云亦云，不受他人影响，努力寻找属于自己的路。

想要创造自己的价值，最重要的是要树立自信。做到不去和别人比较，脱离了从众心理的影响，就到了树立自信的时候。公众场合，不要再只做一个聆听者，而要勇敢地发表自己的意见；机会来临时，不要只会缩在别人身后，而要站出来做一次尝试；培养一项技能，关键时刻展现出

来，获得大家的肯定，这都是树立自信的方法，同时也是创造自己价值的途径。

自我激励的力量

云朵是学校游泳队的种子选手，曾经代表学校参加过很多游泳比赛，每次都拿回了令人满意的名次。这一天，学校通知她下周去参加全国青少年游泳大赛，她回家后将这个消息告诉了妈妈，并且充满信心地对妈妈说："这次比赛我的目标是确保进入前三名，争取获得第一名！"

"好啊！我觉得你一定能做到！"妈妈鼓励她。

云朵对自己的实力很有自信，在练习的过程中，教练也非常看好她，云朵怀着激动的心情期待着正式比赛的到来。

在比赛开始的前一周，云朵拿到了比赛的赛程，看到赛程安排的一瞬间，云朵一愣，一股从未有过的恐慌袭上了她的心头。

"怎么办？怎么办？"一回家，云朵就对妈妈不停地念叨，"我第一场比赛的对手是以前打败过我的女孩，我记得她的名字。这下糟了，别说是前三名了，我很可能在第一轮比赛中就会被淘汰。"

妈妈连忙安慰她："打败你一次并没有什么大不了的，说不定这次胜利的是你呢。"

"不不不!"云朵把头摇得像拨浪鼓一样,"不可能的,她比我游得要快很多,那次我输得很惨,这次我也肯定没办法赢她。"

接下来的两天,云朵自只要一下到泳池里,就会想起输给那个女孩时的情形。不管教练在旁边怎么指导,她都无法取得像之前训练时一样的好成绩。

"这样下去不行!"训练结束的时候,教练找她谈话,"你马上要参加比赛了,这样的成绩完全没有获得奖牌的可能。"

被教练狠狠批评了一顿的云朵回到家里,难过得连饭都不想吃,她也不知道自己怎么了,明明之前都能发挥好的,可是只要一想起那次比赛,她就无法恢复正常状态。

妈妈从教练那里知道了云朵的状态,回来后和云朵认真谈了一次,在得知云朵的心结后,妈妈冥思苦想了一夜,终于想出了一个好主意。

第二天的早餐桌上,妈妈问云朵:"你真的想战胜之前的对手,赢得这场游泳比赛吗?"

"当然,妈妈!"云朵斩钉截铁地回答。

"那好!"妈妈点点头,"那你接下来只要按照妈妈教你的办法做,就一定能赢。"

云朵追问是什么方法,妈妈让她每次开始游泳之前,都在脑海中回忆一遍自己最精彩的比赛场景,而且必须是赢的场景,绝对不能再去想输掉的那一次,这样坚持下去,就一定能赢得比赛。

云朵听了妈妈的话后,再进行训练时,就尝试按照妈妈教她的方法去做。神奇的是,当她将脑海中输掉比赛的场景换成自己精彩的表现,现实中的她果然摆脱了心理阴影,优美的身影像鱼一样在泳池中飞掠而过,得到了教练的肯定和夸赞。

几天后，云朵在赛场上和曾经的对手狭路相逢。这一次，她扬起了自信的笑容，脑海中闪过自己精彩发挥的瞬间。发令枪响，她整个人以前所未有的良好状态投入到比赛之中，心无旁骛的她不仅赢得了这场和老对手的交锋，并且一路过关斩将，最终站到了冠军的领奖台上。

女孩成长加油站：

心态对一个人的影响有多大，从故事中云朵的表现就可以看出来。拿破仑曾经说过："默认自己无能，无疑是给失败创造机会。"可见，消极的心态是成功道路上的绊脚石，而积极的心态则是成功道路上的助推器。关键时刻，只有顶住压力，学会自我激励，培养积极心态，才能战胜自我，创造奇迹。

▌关爱女孩成长课堂

女孩怎样激励自己奋发向上

在每个人的生命历程中，都会有失败的经历。如果你总是纠结于失败的瞬间，就注定只能被世界抛弃，相反，如果你能跳出失败的经历，学会用积极的心态激励自己，成功就会变得简单很多。那么，在面对人生的挑战时，该怎样激励自己勇敢地迎难而上呢？

首先，要学会控制自己的情绪。人的潜力是无穷的，想要将这无穷的潜力发挥出来，就要保持开朗乐观的情绪。科学证明，人在开心的时候，体内会产生奇妙的变化，从而发挥出比平时更强的实力。因此，平时要多想一些令自己开心的事情，多想一些自己成功的经历，用高涨的情绪来激励自己。

其次，要学会提高奋斗目标。俗话说："取乎其上，得乎其中；取乎其中，得乎其下。"如果你将自己的目标定为考试及格，那么你所做的努力都是为了达到这一个小目标，自然不会有更大的突破。如果你的目标不能激发你的动力，那么就说明你该制订一个更为高远且具体的目标了，那才是真正能激励一个人奋发向上的动力。

最后，要学会树立竞争意识。如果没有竞争，人类就不会进步。无论你多么出色，总会人外有人。要时刻保持竞争意识，在生活中加入竞争的要素，不管在哪里，做什么事情，都要努力成为更好的自己。

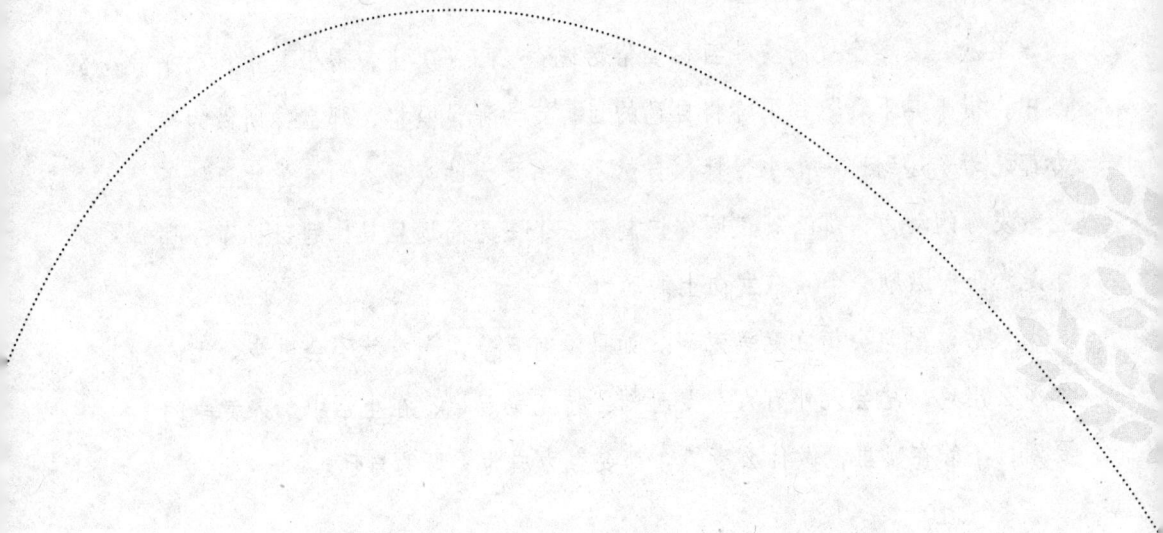

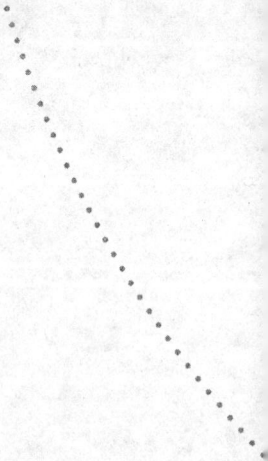

第二章

做不惧风雨的铿锵玫瑰

上帝是公平的

文真有一个深藏于心的梦想，就是成为一名优秀的节目主持人。可随着文真一天天长大，她渐渐明白，实现梦想并不是一件容易的事情。

大学毕业后，文真先是到了家乡的一个小电视台去应聘，一开始她并没有得到主持人的职位，而是做了一名小小的编导，每天只能看着别人在镜头里侃侃而谈，这让她觉得梦想离自己越来越远。

一年后，文真辞职了，她不顾父母的反对，带着微薄的积蓄，一个人来到了离家遥远的省会城市C市。

C市很大，机会也很多，但是文真并不打算随便找一份工作，她不想再因为其他事情而浪费时间，既然下定了决心要做主持人，那就认准这一个目标。于是，她在C市有名的电视台附近租了一间房子，每天都去电视台寻找机会，终于有一次，有个节目临时招一名户外主持人，虽然出镜时间只有短短的五分钟，但还是有无数人抢破头。文真努力争取，费尽心思，好不容易获得了这个机会。

可是，谁也没想到，当节目正式开始时，面对周围蜂拥而至的人群，之前争取机会时妙语连珠的文真竟然结巴了。她的面孔涨得通红，说话语无伦次，主持得一团糟。

节目的负责人大发雷霆，文真不仅没有得到应有的酬劳，还被狠狠斥责了一顿。

"你的表现太差劲了，完全就不是当主持人的料，我看你还是改行去端盘子吧！"

负责人扔下这样一句话，气冲冲地走了，文真一个人站在空旷的节目现场，眼泪终于忍不住落下来。

从此之后，文真再也没有得到过任何上场主持的机会，而且她带来的积蓄就快花完了，租住的房子马上就要交下一次房租。为了省钱，文真只好退掉了这个房子，改租附近的一间廉价地下室。

那是一间用仓库改建成的地下室，里面什么都没有，文真搬进那里后，经常会在半夜被老鼠在屋子里乱窜的声音吵醒。就在她快要绝望的时候，不知道从哪里跑来一只流浪猫，把房间里的老鼠抓了个干净，然后赖在那里不走了。

文真连自己都快要养活不了，又怎么去养一只猫呢？她想要把那只猫赶走，但是当她看到猫儿那双乌黑的眼睛时，突然间像是看到了当初那个面对镜头慌乱的自己。文真将那只猫留了下来，每天和猫相依为伴，经常是一个面包她吃一半，再给猫一半。

"我什么都没有了，就只剩下你了。"她对面前的猫说。

为了克服自己在舞台上的紧张心理，文真在这个空荡荡的地下室里，把那只猫当成自己的观众，想象着自己面对的是人群，编造出各种各样的突发情况，拼命训练自己的应变能力。

那只猫似乎明白自己的使命，每当文真口若悬河的时候，它都会聚精会神地聆听，好像在给她鼓励；而当她表现不佳、磕磕绊绊的时候，那只猫就会甩甩尾巴，转身就走，逼着文真重新来过。

时间在她的努力中一天天过去，终于有一天，文真在外出购买食物时，习惯性地绕道去电视台门口看了看，意外地在那里发现了一张主持人的海选通知，她连忙兴奋地跑去报了名。

文真始终铭记着自己失败的教训，时刻提醒自己要努力改进，将每一场比赛都当成难得的机会，终于从比赛中脱颖而出，并获得了第一名。

在发表获奖感言时，文真说："我曾经以为，上帝对我很不公平，但是，我现在想感谢他。上帝是公平的，他会给每个人机会，想要成功，就要认真对待每一次机会，不管这个机会有多么不起眼。"

女孩成长加油站：

每个人都想成为上帝的宠儿，不费吹灰之力就能轻易获得成功。但事实上，现实生活中哪有这样的好事，谁的成功不是经历过千辛万苦才得到的，谁不曾经历过成功之前灰暗的日子，只不过，有的人在黑夜里依然向往光明，有的人却在挫折前望而却步。想要成功，就要有"上帝是公平的"的心态，紧紧抓住自己拥有的，永不停下自己追求梦想的脚步，这才是成功的正确道路。

关爱女孩成长课堂

怎样做一个为理想不懈奋斗的女孩

德莱赛曾经说过："理想是人生的太阳。"

拥有理想是一件非常幸福的事情，但是，想要理想变成现实，需要经过无数磨难，遭受千般挫折，最后才能到达理想的殿堂。故事中的文真就是一个有理想的人，即使在追求理想的过程中遇到了挫折，也没有轻易放弃。每个女孩都应该向文真学习，为了理想而不懈奋斗。

为理想不懈奋斗，要学会取舍。

理想不是生活的调剂，而应该是生活的主旋律，你做的任何事情，都应该是为自己的目标理想服务。世界上没有十全十美的事，关键时刻，为了理想要有所舍弃。比如说，你的理想是成为一名探险家，那么就要敢于舍弃安逸的生活，培养自己的野外生存能力。

为理想不懈奋斗，要有坚持到底的决心。

理想不是一朝一夕就能实现的，它靠的是恒久的坚持和百折不挠的韧劲。一时的失败说明不了什么，放弃继续努力才是最可悲的。因此，在挫折到来时，你要学会从困境中寻找方法，从曲折中摸索道路，不放过任何一个检验自己的机会，为成功积蓄力量。

坚持原则

毕业两个月后，经过层层选拔，凌欣终于成功被一家医院录取，成了一名实习护士。和凌欣一起被录取的还有两个女孩。按照医院的规定，三个月实习期结束时，三名实习护士只能留下一个人，这让凌欣三人整天绷紧了脑中的弦，丝毫不敢放松。

凌欣知道，比起另外两个女孩，她并没有什么特别的优势，所以只能加倍努力工作。但即使是这样，她也能明显感觉到，自己没有另外两个女孩讨人喜欢。她既不会讨好护士长，也不会和医生套近乎，每天一上班就只会埋头工作。下班后，当那两个女孩忙着请同事们吃饭看电影的时候，只有她匆匆换下工作服，一刻也不耽搁地赶回家里，因为家里还有生病的母亲在等着她照顾。

三个月的时间转瞬即逝，很快就到了实习考核的时候。今天她被分到了一位姓陈的主治大夫手下。陈大夫平时总是笑眯眯的，看起来很好相处。凌欣暗暗松了一口气。她们要分别跟着三位医生进手术室，护士长说，谁在手术室里表现得好，谁就可以留下来。

手术开始了，凌欣穿着无菌服，跟在陈大夫的身后进入了手术室。今天她的任务就是配合另外一位正式护士，两个人一起做好手术的保障工作。这是凌欣第一次上手术台，她有点紧张。看着在麻醉药的作用下渐渐失去意识的病人，她打起精神，一丝不苟地完成在脑海中演练过无数遍的事情。

手术很顺利，凌欣看着陈大夫用剪刀剪断缝合伤口的线，悄悄松了

一口气，开始收拾手术盘里的物品。刚才在手术过程中，她有两次反应不是很及时，多亏了另外一位护士提醒，她才跟上医生的要求。她收拾完东西，想要对那位护士说一声谢谢，结果一抬头，却看到陈大夫和那名护士凑在一起，正嘀嘀咕咕说着什么，同时她眼尖地发现，有疑似药品的瓶子在两个人的手里偷偷交接着。

就在凌欣望着这一幕不知所措的时候，陈大夫敏锐地发现了她的目光，动作微微一顿。很快，那个护士也发现了不对劲，两人一起朝凌欣看过来。

"我……"凌欣想要解释，但是一开口，却不知道该说什么，而且，陈大夫也没有给她解释的机会。

他和那个护士对视了一眼，然后径直走到凌欣面前："凌欣，既然你看到了，我也可以明白地告诉你。"陈大夫从口袋里掏出了一个药瓶，"这是这次手术的申请用药，非常贵，但是现在躺在手术台上的病人根本就不需要用这么好的药，所以我从外面带来了其他效果类似的药，把这个药换了下来。只要你不把今天看到的说出去，我可以给你分两瓶药，你带出医院就可以卖钱，一瓶售价在五千元左右，怎么样？"

五千元？凌欣盯着那个小小的瓶子，震惊不已。一瓶售价五千元，两瓶就是一万元，有了这一万元，母亲不仅可以得到更好的治疗，她也不用这么辛苦，可是……

似乎发现了她内心的挣扎，陈大夫再次开口了："除了这个，我还可以向你保证，让你顺利留在医院里，做我的助手，以后都跟着我上手术台。如果你不答应，那么出了这个手术室，你就得卷铺盖走人。"

陈大夫的威胁就在耳边，凌欣有点儿惶恐。过了不知道多久，凌欣长长吐出一口气，目光重新变得坚定："对不起，我拒绝！"

有些事情，永远都不能做；有些原则，永远都不能打破。

"你不怕丢了这份工作？"陈大夫又一次确认道。

"丢了就丢了吧！"凌欣笑了，"总比丢了良心和原则强。"说完，她端起手术盘，朝着手术室外走去。

两个小时后，医院宣布了三个人的考核结果，最后留下的人是凌欣。原来，陈大夫以次充好、倒卖药品，不过是这次实习考核的试题，而凌欣是唯一一个坚持原则并顺利通过考核的人。

女孩成长加油站：

英国一个叫斯迈尔斯的人曾经说过："一个没有原则和没有意志的人就像一艘没有舵和罗盘的船一般，他会随着风的变化而随时改变自己的方向。"原则是一个人做人的底线，一个丢弃原则的人，注定在人生道路上走不了多远。人生在世，要懂得选择，学会放弃，耐得住寂寞，经得住诱惑，只有这样，才能不偏离人生的航向，获得真正的成功。

关爱女孩成长课堂

怎样做一个坚守原则的女孩

如果把人生比作一段旅途，那么在前进的过程中，每个人都会遇到很多诱惑。有的人抵挡住了诱惑，继续在正确的道路上前行；有的人则屈服于诱惑，最终迷失在前进的道路上。世界很大，诱惑也很多，女孩们想要让自己不被不良诱惑侵蚀，就必须知道哪些事情应该做，哪些事情不应该做，换句话说，就是要学会坚守自己的原则。

怎样才能做到坚守自己的原则呢?

首先,你要有正确的价值观。就像故事中的凌欣一样,面对金钱的诱惑,依然选择了不违背良心,不同流合污。具体到实际生活中,就是要清楚地知道什么是对,什么是错,要明白损人利己的事情不能做,违背道德的事情不能做,这就是做人应该坚守的原则。

其次,要从日常生活做起。并不一定只有在遇到重大的事情时才需要坚守原则,日常生活中的很多行为,也能体现出一个人对于原则的态度。比如,不抄袭他人的劳动成果,和人交往不以利益为目的等。坚守原则应该从日常小事做起,从现在做起。

最后,要学会将渴望转化成动力。诱惑之所以能够打动人,最关键是它触动了人内心的渴望。人有渴望并不是错,错的是用错误的方法去满足这种渴望。因此,女孩们要学会将自己的渴望转化成努力的动力,靠努力去获得自己想要的东西,没有什么比通过自己努力获得的劳动成果更让人满足。

想要拥有美好无瑕的人生,就做一个坚持原则的人吧!

事情没到最坏的时候

林筝家有一大片苹果林，这是全家的收入来源。到了每年十月，红彤彤的苹果挂满枝头，清甜的苹果香味弥漫在空气中，林筝总是会开心地在苹果林里奔跑，这是她最幸福的时刻。

后来，她的父亲渐渐老了，林筝也大学毕业了。为了照顾年迈的父亲和母亲，也为了照顾那片苹果林，林筝放弃了城市里的工作机会，毅然回到老家，代替父亲开始管理苹果林。

苹果林里有无数事情等着林筝去做，除草、施肥、灌溉、采摘果实，不管是什么事情，林筝全都乐在其中。

可是，深秋的一个夜里，意外发生了，苹果林附近突然燃起了一场大火。因为没有人及时发现，大火蔓延到苹果林里。等林筝被人叫醒，匆匆赶到的时候，一切都晚了。天亮后，大火被扑灭了，可是以往郁郁葱葱的苹果林变得死气沉沉，到处都是焦黑的枝叶和树干，林筝站在那里泪流满面。失去了赖以生存的苹果林，林筝难过得连觉都睡不着，她想要重新买一些树苗回来栽上，但是盘点完家里的存款后，却发现远远不够。实在没有办法，林筝坐车赶到城里，想要申请一部分贷款，可是银行的工作人员在了解到林筝没有其他收入来源，也没有任何可抵押的财产后，表示爱莫能助。

林筝不想放弃，她到处找人借钱，又想了很多其他办法，可是最终仍然一无所获。筋疲力尽的她将自己关进房间里，不吃不喝，没过几天就瘦了一大圈。

"你不能这样颓废下去了，只要人还在，事情就永远没到最坏的时候。"林筝的父亲敲响了房门，将林筝从绝望的泥潭中拖了出来。

两天后，父亲带着林筝又一次坐上了通往城里的汽车，他们想要去银行再做一次努力，说不定会有转机。

城市里车水马龙，林筝和父亲一起穿过街道，正准备往银行去的时候，风里突然飘来一阵诱人的香味。林筝下意识地循着香味望过去，发现距离银行不远处有一家烤鸭店生意兴隆，门前醒目的广告牌上写着"正宗果木炭烤鸭，选用纯天然苹果木炭，让烤鸭唇齿留香。"

苹果木炭？林筝的脚步一顿，下一秒眼前一亮，一把抓住了正要迈进银行的父亲的手臂："我想到办法了！我们不用贷款了！"

那天之后，林筝托人请来了擅长烧炭的师傅，让他们将已经焦黑的苹果树砍了，全部烧成质量上乘的果木炭，再转手卖给木炭经销商。一个冬天下来，林筝不仅填补上了之前的亏空，还大赚了一笔。

春暖花开的时候，林筝用卖木炭赚来的钱购买了新的苹果树苗，栽种到了土里，两年后，新栽种的苹果树终于又结出了红彤彤的果实。站在恢复了生机的苹果林里，林筝想起父亲曾经说过的那句话——

只要人还在，事情就永远没到最坏的时候。

女孩成长加油站：

天有不测风云，人有旦夕祸福。在人的成长过程中，会遇到数不清的困难和挫折，有时候，看似毫无出路的绝境，只要不放弃，转过一道弯，说不定就有新的希望在等着你。因为不管黑夜有多么漫长，太阳总会照常升起；不论再大的风雨，也总会有云收雨霁的时候。人只有在一次次历练

中才能逐渐变得更加强大，不被黑暗吞噬的人，一定能等到光明。

▮ 关爱女孩成长课堂

怎样做一个在困境中坚守希望的女孩

俄国诗人普希金曾经说过："假如生活欺骗了你，不要悲伤，不要心急！忧郁的日子里须要镇静：相信吧！快乐的日子将会来临。"就像故事中林筝的父亲说的，只要人还在，事情就永远没到最坏的时候。因此，女孩们如果在生活中遭遇了挫折，不要害怕，也不要绝望。生活中从来没有真正的绝境，有的只是被吓退的努力，只要坚守住内心的希望，总有一条路能通往成功。

学会在困境中坚守希望，首先要对自己面临的困境有一个清醒的认识。就像海水会潮涨潮落，花儿会花开花谢，有些困境并不会永远存在，它只是暂时的。当不好的结果已经出现，调整心态才是关键，与其将时间浪费在自怨自艾里，还不如抛开犹豫和抱怨，想一想下一步该怎么办。

学会在困境中坚守希望，其次要有敢于尝试的勇气。掉进陷阱的驴子会借助头顶落下的泥土逃离困境，人更要懂得借助已有的条件，去寻找自救的可能。俗话说，事在人为，没有经过努力就放弃是懦夫的行为，希望永远要靠自己发现和创造。

学会在困境中坚守希望，更要善于抓住机会。上帝关上一扇门的时候，一定会给你打开一扇窗，想要找到这扇窗，需要你拥有敏锐的观察力和善于把握时机的决断力。关键时刻踌躇不前只会错失宝贵的机会，有想法的时候要立即抓住，幸运永远只眷顾有准备的人。

危险面前随机应变

蔚蓝的大海上，一艘轮船正缓慢地行驶着，乘客们东倒西歪地坐在船舱里，他们已经在海上航行了半个月，实在是太累了。

"妈妈，您休息一会儿，我来照顾弟弟。"角落里，一个十几岁的小姑娘压低了声音对母亲说，坐在女孩旁边的一位妇人抱着怀中睡熟的男孩，伸出手摸了摸小姑娘的头发。

"米娅，你先睡吧，等你睡醒了妈妈再睡。"

小姑娘正要再劝，船舱外却突然传来一声船员的惊叫："天哪！海盗！海盗船过来了！"

船舱里睡着的人们一下子惊醒过来，短暂的茫然过后，乘客们都反应过来，纷纷露出了恐惧的表情。

"怎么办？"人们面面相觑，这里可是海上，连逃跑都没有办法，如果海盗们只是抢劫财产还好，如果要杀人，那他们就全都没命了。

恐慌的情绪在船舱里蔓延，有些胆小的乘客已经忍不住哭出了声："呜呜……我不想死，也不想被抢走钱。"

可是，这又怎么可能呢？海盗们穷凶极恶，就算海盗们可能不会杀人，但乘客们想要保住身上的钱也太难了，到时海盗一定会搜身，如果有乘客反抗的话，那就死定了。

"我有办法。"就在大家一筹莫展的时候，船舱里响起了一道清脆的声音，一直依偎在母亲身旁的小姑娘米娅站了出来，"大家如果相信我的话，可以把钱都放我这里，等海盗走了我再还给大家。"

"米娅！你……"母亲着急地想要阻止女儿，可是米娅坚定地对母亲摇了摇头。

"妈妈，我们只有这一点钱了，如果被抢走，就算下了船也会被饿死，还不如想办法和大家一起渡过难关。"

"可是……"

母亲还想要说些什么，却被别人打断了。

"小姑娘，你有什么办法？"

一位头发花白的老爷爷站起来问道。

"是啊是啊！我们大人都没办法，你一个小女孩能有什么办法？"其他人纷纷附和。

迎着大家怀疑的目光，米娅说出了自己的计划，而这个时候，海盗船已经离这艘船很近了，船员们缩成了一团，连继续向前航行都忘记了。

时间已经来不及了，船舱里的人只能按照米娅的建议行动起来。为了不引起海盗的怀疑，大家把身上的钱分成了两部分，然后把多的那部分交给米娅藏在身上，少的那部分则留在自己身上。

"小姑娘，就看你的了。"

海盗上船的前一秒，一切才准备好。

当海盗们冲进船舱，呼喝着大家都把钱交出来时，就看到一群人围在一根柱子旁，对着一个被绑在柱子上的小姑娘痛骂着，小姑娘穿得破破烂烂的，头发也乱糟糟的，脸上更是青一块紫一块，看起来狼狈极了。

"你们在干什么？"海盗头子大喝一声。

乘客们被吓得瞬间停止了痛骂，恐惧地看着那群登上船的恶棍。其中一个头发花白的老爷爷战战兢兢地回答道："这个小贼偷我们的东西，被我们发现了，我们正在惩罚她。"

"我不是故意的，呜呜……"米娅哭得十分可怜，"我身上已经没有一分钱了，肚子也好饿，只想找一点儿东西吃，可我并没偷到手，求求你们饶了我吧。"

"我们也都是穷人，哪里有多余的食物给你！"有人大声呵斥道，演得十分像模像样。

海盗们看了看面黄肌瘦的乘客们，相信了他们的话，但还是勒令他们把身上的财物都交出来。

所有人顺从地拿出了身上藏着的那部分钱，轮到米娅的时候，海盗嫌弃地看了她一眼，看她完全不像有钱的样子，就没在她身上浪费时间。

搜罗了一圈，只搜到了一点钱，海盗们很生气，在船舱里翻来翻去，最后什么值钱的东西也没翻到，再看着这一群畏畏缩缩的胆小鬼，顿时失去了兴趣，骂骂咧咧地离开了。

一直到海盗船离开了很久，船舱里才爆发出一阵欢呼声，被放下来的米娅开心地笑着，把身上的钱拿出来还给了大家。

女孩成长加油站：

英国有一句谚语："狂风和海水激战的时候，只有勇敢镇定的水手才能抵达彼岸。"

危急时刻，慌乱和恐惧解决不了任何问题，唯有镇定和勇敢才能帮助你渡过难关。故事中的米娅就是这样做的，在危险来临时，她没有坐以待毙，而是利用自己的智慧，完成了自救和救人的壮举。生活的风浪击不垮强者，他们永远都不会任由自己向危险屈服。

女孩怎样培养自己随机应变的能力

在成长的过程中，每个人都会遭遇到各种各样的挑战，有的挑战给了你准备的时间，有的挑战却突如其来，如果不能正确地应对，可能会造成极其严重的后果。因此，女孩们想要在社会上立足，就必须培养自己随机应变的能力。

培养自己随机应变的能力，要多积累知识。随机应变考验的是一个人思维的灵活性，从这一点来说，知识才是武装大脑的最好武器。女孩们平时要多读书，多学习，积累知识，博闻强识，只有这样，遇到事情时才能做到沉着冷静，避免慌乱。

培养自己随机应变的能力，要加强思维的锻炼。平时多参加一些富有挑战性的活动，多接触一些各式各样的人。对于生活中遇到的各种各样的问题和困难，女孩要怀抱着一颗勇敢的心去面对，并积极思考如何解决问题和克服困难，在实际行动中不断积累经验，提高自己随机应变的能力。

培养自己随机应变的能力，还要加强自己的主动性。很多人都有惰性，在困难来临时习惯依靠别人去解决，自己坐享其成，这是不对的。想要改掉这个不良的习惯，遇到事情就要学会主动思考，勇于担当，积极提出解决问题的办法，让自己的大脑得到充分的锻炼，为随机应变能力奠定良好的脑力基础。

坚持走自己的路

有一个女孩，她从小就梦想成为一名救死扶伤的医生，可是当时所有人都告诉她："女孩只能做护士，医生只能是男人。"

女孩不相信，她费尽心思找到了当时非常有名的一位医学教授，希望能够成为他的学生。可是，当教授听完女孩的想法后，不仅没有接受她，反而大声嘲笑她："哈哈！小姐，你想要成为一名医生，简直像领导一场革命一样困难，还不如直接认命，安心做一个护士比较好。"

"不！"女孩斩钉截铁地告诉教授，"我会证明给所有人看，女性也能成为优秀的医生。"

回到家后，女孩更加努力地学习，希望能凭借自己的努力考上当时的医学院。可是，无论她想报考哪所医学院，他们都只收男生，女生想要学医，就只能进护士学校。

有人给女孩提建议："你可以先进护士学校，毕业后再想办法去找当医生的机会。"

"不行！"女孩拒绝了，"培养一名护士和培养一名医生的课程是完全不同的，我不能抱有这种侥幸心理。"

于是又有人给她出主意，让她打扮成男孩再去学医。女孩摇摇头："不！如果我选了这条路，就意味着我向偏见屈服，我一定要以女性的身份进入医学院，否则这个偏见永远都不会改变。"

虽然不能进入医学院，也没有人愿意教她，但女孩并没有放弃自己的梦想，她拼命自学，又想尽一切办法到私人诊所和医院观摩医生们的临床

治疗。每当学会一个新理论，她都会在自己身上试验一番，于是她逐渐掌握了丰富的医学知识。

有了理论，实践迫在眉睫。女孩想办法租了一套房子，准备开设自己的诊所，结果，女房东在得知她开诊所的计划后，怎么也不愿意把房子租给她，还对她说："我不能允许一个女人在自己的房子里开诊所，这让我觉得我违背了上帝对女人的定位。"

不能开诊所，女孩只好在自己家里为别人看病，因为对女医生的偏见，刚开始的时候，根本没有人愿意来找她看病。女孩只好免费帮人看病，才渐渐有穷苦的人来尝试。但即使是这样，每当有比较严重的病，不能一次性治好时，那些生病的人都会在背地里议论："一定是因为她是女医生的缘故，如果是个男医生，现在一定已经治好了。"

面对这些质疑，女孩并没有放在心上，她一如既往地努力提高自己的医术，渐渐在附近闯出了名声。越来越多的人来找她看病，而之前怀疑她的那些人，也渐渐改变了自己的看法，甚至有医院开始主动邀请她。

在她五十岁那年，凭借着高超的医术和巨大的社会影响力，她创办了女子医学院，培养出了一批又一批优秀的女医生，从此改写了女性不能当医生的历史，这位伟大的女性就是世界上第一位女性医学博士伊丽莎白·布莱克威尔。

女孩成长加油站：

任何人的命运都掌握在自己手中，你想成为什么样的人，能成为什么样的人，取决于你自己的努力，而不是别人的评价。走自己的路，说起来很简单，但是落实到行动中，却需要一颗能够抵挡住各种流言蜚语的强大内心，还需要一种不为别人的偏见而低头的勇气。坚持自己的主见，勇敢地朝着自己的目标努力，总有一天，你会得到你想要的。

关爱女孩成长课堂

女孩怎样坚持自己的理想

现实生活中，经常会听到有人抱怨："如果我当初能够坚持自己的理想，说不定现在已经成功了。"然而世界上没有如果，每一个不能坚持自己理想的人，最终都只能随波逐流。故事中的女孩在遭受别人的轻视和打击时，并没有因此怀疑自己，也没有动摇自己的信念，而是坚持走自己选择的路，哪怕那条道路上充满了"荆棘"，她也终于完成了自己的理想，并且改变了世人认为女性不能成为医生的偏见。

想要让自己变得有主见，首先要有自信。只有相信自己，才不会被他人的话语轻易左右。有时候，你身边的人会不赞成你的选择或者举动，这时候，你就需要对自己有一个清晰的认识。如果你相信自己的选择是正确的，那就不要被别人的看法所影响，不要因为别人的评判标准而轻易改变自己。

想要让自己变得有主见，其次要学会独立思考。每个人都应该拥有自己对世界的独立认知和自我判断，任何人都代替不了你自己的思考。所以，改变自己"拿来主义"的思维方式，遇事先自己动脑思考，即使知道了别人的看法，也可以用辩证的思维方式来看待别人的思维成果，然后通过自己的思考和实践来验证其真假，得出属于自己的结论。

想要让自己变得有主见，最重要的是要不停地学习。什么是主见？主见是自己对事物的判断和见解。只有不断地学习才能获得源源不断的知

识，懂得的知识越多，在遇到各种事情时才能有自己的想法。因此，女孩们要时刻对世界保持一颗好奇心。平时多去图书馆，假期多到不同的地方去旅游，多听多看多想，不断完善自己的思维体系，建立自己健全独立的人格，让自己变得更有主见。

为了理想奋斗

珍妮·古德尔从小就是一个喜欢动物的女孩。在她很小的时候，她特别想知道母鸡是怎么孵出小鸡崽的，于是她就爬进臭烘烘的鸡窝里观察母鸡下蛋孵蛋的过程，在鸡窝里一待就是几个小时。珍妮原本希望自己长大后能成为一名动物学家，却因为家庭贫困，没有办法进入大学深造，渐渐地离梦想越来越远。

高中毕业后，珍妮找了一份稳定又简单的工作，可每天看着时间从指缝中流逝，珍妮再也忍不住了，她辞去工作，决定前往非洲。珍妮的妈妈无法理解女儿，甚至因此不再跟珍妮往来，但珍妮没有放弃，她天生就对动物充满好奇心，而且她成年了，有能力为自己的梦想去拼搏。

十八岁那年，珍妮独自一个人远赴非洲。幸运的是，她在那里见到了人类学家路易斯先生。当珍妮看到只能在著名生物学杂志上才能看到的学者活生生地站在她面前时，她无比激动，主动上前同路易斯先生打招呼，并告诉他，自己的梦想是成为一名动物学家。

"你说你想成为动物学家，可是你没有大学文凭？"当路易斯先生听完珍妮的自我介绍后，说的第一句话就给珍妮浇了一盆冷水。

"先生，我以为您是一位不被传统观念束缚的人……"珍妮有点恼怒，她没想到自己崇拜的学者对她并不认可，哪怕她把自己对动物的研究成果说得十分准确而精彩。

"女士，感谢你对我的评价。"路易斯微笑着回答道，"我想说的是，学问和学历在非洲这片土地上并不重要，只要你对动物怀有强烈的好奇心和热情，我们非常愿意让你加入我们的团队。"路易斯的话让珍妮释怀了。于是，珍妮获得了跟路易斯先生的团队一起对野外生物进行考察的工作机会。通过这份工作，她不但收获了野外考察工作的丰富知识，还对黑猩猩这个物种产生了强烈的兴趣。

当时动物学界普遍认为动物是没有感情、不会使用工具的低等生物，人们长期的野外实地观察是没意义的，但珍妮还是决定留在非洲这片丛林里，潜心于黑猩猩研究。路易斯先生并不赞成珍妮把时间浪费在这件几乎不可能有结果的研究上，但珍妮对路易斯先生说："先生，如果不试一试，我们可能永远也不会深入地了解动物们。"留下这句话，珍妮走进了丛林。最开始，丛林里的黑猩猩一看见人类出现就会立刻消失得无影无踪，这让珍妮感到绝望。但随着时间的流逝，珍妮终于用自己的耐心和爱获得了黑猩猩对她的信任。

二十年后，珍妮走出丛林，告诉人们动物也有着丰富的感情，而像黑猩猩这样的动物早已跟人类一样学会使用工具。而且黑猩猩在生物学上与人类的相似度非常高，黑猩猩的遗传物质中只有百分之一与人类不同。谁也没想到这一惊人的结论出自一个只有高中学历且没接受过系统动物学教育的女性，但事实证明，珍妮说的一切都是正确的。她的结论也为动物学提供了新的理论和研究方向。

女孩成长加油站：

人一旦有了梦想，生活就会充满憧憬和激情，永远不要怀疑热情和努力的意义，不要停下脚步，胜不骄，败不馁，就算前面重峦叠嶂，也要一座一座地翻越它，人生，没什么不可能。

▎关爱女孩成长课堂

怎样做一个为理想坚持奋斗的女孩

有一位主持人曾经说过这样一段话："5岁觉得游泳难，放弃游泳，到18岁遇到一个你喜欢的人约你去游泳，你只好说'我不会'；18岁觉得英文难，放弃英文，28岁出现一个很棒但要会英文的工作，你只好说'我不会'。"每个人的一生中都有无数次改变自己的机会，但是大多数人都因为缺乏恒心而放弃，只有极少数有恒心、有毅力的人，在长久的坚持之后，才能最终摘得胜利的果实。

珍妮的故事让人感动，也让人敬佩。成为一个像珍妮一样为了理想坚持奋斗的女孩，关键是要做到以下几点：

第一，当你想要去做一件事情的时候，首先要确定自己对它抱有充分的兴趣。珍妮之所以能够在丛林中研究大猩猩长达二十年，是因为她内心深处对动物研究有着由衷的热爱。同样，如果你想在某一个领域取得成绩，兴趣是让你坚持下去的强大动力。

第二，当你真心去做一件事情，要有承受压力的勇气。珍妮为了追求自己的梦想，放弃了与家人朝夕相处的机会，背负着母亲的误解离开。之后又远赴非洲，在所有人都不支持自己的情况下，始终坚持自己的研究。

所以，如果你真心想要做一件事，得不到大多数人的支持，那么，承受压力并消化它就成了你必须具备的能力。

第三，学会摒弃功利心态。对于坚持而言，最好的结果当然是成功，但是成功不应该是目标的终点。像珍妮一样，她不远万里，不惧艰辛，是因为自己有着浓厚的兴趣，哪怕最后获得研究成果，也只是兴趣的产物。所以，女孩们在做一件事情时，要学会把功利的目的放在其次，将自我的追求放在首位，这样才能抵得住冷清、扛得了寂寞，到达别人都不能到达的境界。

不被命运打倒

在美国，有一个叫科尔的小女孩，她出生于一个非常幸福的家庭，而且本人既漂亮又聪明，不仅拥有家人的宠爱，在学校里还拥有很多朋友。

但是，这一切，都在她升入中学的那一天开始有了变化。那天，她像往常一样怀着愉快的心情起床洗漱，却在盥洗室的镜子里看到自己的下巴上长了几个小小的圆形白斑，她感到很奇怪，于是用手碰了碰它们，但并没有痒或者痛的感觉。

"也许过几天它们就消失了吧？"科尔乐观地想。

但是，让她感到沮丧的是，一周后，那些白斑不仅没有消退，反而越来越大，甚至连成了一片。她的父母也发现了女儿的不对劲，于是连忙带

她去医院做检查。检查的结果让所有人都松了一口气，医生告诉他们，科尔患上的只是一种常见的皮肤病，只要按时涂抹药膏，很快就能痊愈。

然而，让所有人都没有想到的是，接下来的一个月里，即使按照医生的叮嘱按时涂抹药膏，科尔脸上的白斑面积还是越来越大。更糟糕的是，还有许多奇怪的症状出现在了科尔的身上。科尔原本有一头美丽的金黄色头发，但是慢慢地，那曾经让她引以为傲的金黄色发丝变成了灰白色，并且渐渐脱落。不仅如此，她的脸也发生了巨大的变化，那些白斑几乎覆盖了她整个右脸，慢慢地，她的右眼变得向下倾斜，鼻子向右扭曲，右侧嘴角向上翻起，整张脸都扭曲了。

心急如焚的父母带着科尔再次来到了医院，这一次，连医生也被科尔的脸吓了一跳。等到新的诊断结果出来时，才终于查清了造成这一切病变的原因，原来，科尔患上的并不是皮肤病，而是一种非常罕见的怪病。这种病不仅会改变患者的五官形态，而且随着患者年龄的增长，病症会不断加重，直到患者的五官全部发生异变，最严重的后果，就是患者的整张脸都会萎缩成一个洞。但幸运的是，这个病虽然可怕，却不会危及生命。

这个消息犹如晴天霹雳，没有人愿意相信这个事实，连科尔自己也无法想象自己有一天会变成医生口中描述的那个丑陋的样子。

回到家里后，科尔看着镜子中五官扭曲的自己，听着外面妈妈压抑的哭声和爸爸的叹息，突然从心底里生出了无穷的勇气。

"有什么了不起？既然不会死，那我为什么不能勇敢地活下去呢？我要用我的努力证明自己的生命是有价值的！"

从那天起，尽管科尔的脸一天比一天变得可怕，周围的人也不停地对她指指点点，她却像是完全听不见别人的嘲笑一样，依然坚持到学校上课，并且以优异的成绩包揽了整个年级所有学科的第一名。

即使科尔这样努力，厄运也没有放过她，在她17岁那年，她的右眼失明了，但是科尔依然凭借着自己强大的毅力，考取了一所顶级大学，并且选择了自己喜欢的法律专业。

有一次，老师要求每个人谈一谈自己的理想，在轮到科尔的时候，有个男同学恶毒地说："整容！她的理想一定是整容！"

教室里一片寂静，科尔转过头，认真地对那个男同学说："你错了，我的理想并不是整容，整容也改变不了我脸上的缺陷，事实上，我的理想是成为一名律师。"

同学们哈哈大笑，没有人相信科尔的话。但是，四年后，大学毕业后的科尔凭借自己的努力，考取了律师资格证，成了一名非常优秀的律师。

虽然，当她出现在法庭上的时候，依然会有人对她的容貌予以攻击和嘲笑，但科尔说："哪怕有一天我的脸会彻底消失，但只要我还活着，我就会继续证明，美丽的容貌并不是最重要的，重要的是自信和坚强。"

女孩成长加油站：

什么是真正的美丽？真正的美丽是源于灵魂深处的自信。外表残缺，心灵强大的女律师科尔用她的实际行动证明，即使厄运如影随形，但是只要精神的自信始终没有磨灭，一样可以笑对命运的不公。

关爱女孩成长课堂

怎样做一个不被困厄打倒的女孩

人的一生无比漫长，谁都无法预料下一步会发生什么，总会有一些事

情是人力无法控制的，就像是厄运的发生。但是，虽然没有人能阻挡厄运的脚步，有的人却能将厄运转化为成长的动力，用自信和坚强去对抗命运的不公。从故事中的科尔身上，女孩们可以学到战胜困厄的方法，那就是怀抱永不磨灭的信心。

战胜困厄的前提是接受现实。不要为打翻的牛奶而哭泣，也不要为已经降临的厄运而纠结。厄运就像感冒，无法避免的时候，你就只能接受。所以，如果你与厄运狭路相逢，甚至被它绊了一个大跟头，不要害怕，努力从地上爬起来，拍一拍身上的灰尘，告诉自己："嘿！从今天起，我有了一个新伙伴，虽然它对我不大友好，但我一定能找到对付它的办法。"

战胜困厄的关键是改变自己。就像故事中科尔说的："有什么了不起？既然不会死，那我为什么不能勇敢地活下去呢？"只要生命还在，信心还在，那么厄运就没什么可怕的。相反，你应该为此而更加珍惜时间，珍惜生命，努力学习更多的知识，敞开心灵去认识更多的朋友，用更加积极的心态融入这个社会，找到并实现自己的人生价值。

世界上没有比人更高的山，也没有比脚更长的路，在人的信心面前，一切艰难和困苦都会化作前行的动力，最终帮助你扼住命运的咽喉。

战胜过去的自己

伟大的科学家爱因斯坦，一生中获得殊荣无数，但即使是像他这样的天才，在小的时候，也被老师当着全班同学的面数落过。

当时，劳动课老师要求班上每位小朋友都亲自动手做一把小凳子，并在次日带来学校。第二天，老师在检查学生们的劳动成果时，竟然看到一个连椅子腿都钉歪了的凳子。

举着歪歪扭扭的凳子，老师不满地皱了皱眉，看着学生们问道："这是谁做的？"在小朋友们的议论声中，年幼的爱因斯坦举起了手，回答道："我。"

老师看着这个在数学方面很有天赋的学生，摇摇头说："我想这世上不会有比这制作得更糟糕的凳子了。"

老师话音刚落，班里的同学就都笑出了声，爱因斯坦却从自己的桌子下面拿出了两个比老师手里的凳子更难看的凳子，说道："这是我前两次做的凳子，比您手里的更糟糕。"

这回大家都不笑了，老师也对爱因斯坦投去不一样的目光，并向他道歉，接着老师说道："没有人一开始就能做到最好，我们要学会与过去的自己比较，从而激励自己前行。"

金无足赤，人无完人，这世上从来就没有十全十美的事。在前进的过程中，能时刻鞭策自己固然是好事，但也不应一味地跟他人相比较，因为每个人擅长和爱好的事都是不一样的。

卢娜是一位成功的演讲者，虽然她的演讲风格不是最具特色的，演讲

内容也不是最完美的，但她很受观众的喜爱和业内同行和认可。一位刚入行的男孩问卢娜成功的原因，卢娜狡黠一笑，给男孩说了一个故事。

多年前，一个对未来满怀憧憬的女孩进入了演讲圈。她自小喜欢演讲，但当她真正进入这个圈了后，才发现梦想跟现实有着巨大的差异。但是她没有轻易放弃，而是虚心请教，刻苦学习，终于，她等到了一个登台演讲的机会。

演讲当天，与女孩同台的还有几位业内前辈，在几位前辈演讲结束后，旁人都担心地看着女孩，怕她看了前辈的演说会心生怯意，女孩笑笑没说话，坚定地走上了台。

因为有"玉"在先，女孩这块"砖"并没有激起多少水花，台下观众反应冷漠的居多，甚至还有人在暗暗嘲笑她，但女孩并没有气馁，继续坚持着自己的演讲。过了一会儿，终于有个别观众集中精神开始认真听女孩的演讲，并在适当的时候给予认可的附和声和鼓励的掌声。

"这个女孩的心理素质也太好了吧？"听完故事，初出茅庐的男孩惊叹道。

卢娜笑着摇摇头："不是女孩心理素质太好，而是她在对比中找到了自信。"

男孩闻言，不解地问道："可是跟她同台的不都是些前辈吗？"

卢娜听到这话笑得更开心了："因为女孩拿来作对比的，不是同台的前辈，更不是坐在台下的观众，而是过去的她。这世上比自己优秀的人很多，当然比自己差的人也不少，我们在对比时，不要把目光过于集中在别人的身上，要时刻记得回望过去的自己。正因为有这样的想法，我才有了今天这样的成就。"

男孩这时才知道，卢娜就是故事中的那个女孩。

女孩成长加油站：

总跟优秀的人相比，容易造成自卑心理，而总跟平庸的人相比，又容易产生自大心理。所以在把握好这个度的同时，我们最应该做的是与过去的自己做对比，并综合判定自身进步的程度，这样才能做到更好地激励自己，提升自信。

不要担心自己做得不好，也不要担心自己曾经做得多么糟糕，只要坚持下去，哪怕这次只比上一次进步一点点，总有一天，我们一定会交出一份令自己满意的答卷，获得不辜负自己汗水的回报。

关爱女孩成长课堂

女孩怎样学会提升自我

自信是一棵嫩芽，在没有茁壮成长之前，任何一点风吹雨打都有可能折断它的根系。自信是一面镜子，照见的永远是自己，而不是他人。真正健康的自信是从自己内心出发，而不是和人比较才能得到的。所以，女孩想要树立真正的自信，就要着眼于提升自我。

提升自我，要从自己力所能及的事情做起。很多人之所以痛苦，是因为一味地盯着他人，唯恐自己做得比别人差，完全不考虑自己的实际情况。由易到难，循序渐进，这是成功的普遍规律，你要学着从自己力所能及的事情做起，而不是好高骛远，导致自己处处碰壁，最终失去信心。

提升自我，要懂得化解烦恼。人不是机器，总会有情绪低落的时候，特别是看到别人做得比自己好时，就更容易产生焦躁感。这个时候，千万不要任由焦躁发酵，因为它会动摇你努力的根基。你要做的应该是接受自

己和对方的差距，然后告诉自己："没关系，别人一天就能做到的，大不了我花两天，只要我不停下来，总能遇到更好的自己。"

提升自我，要有毛竹的精神。毛竹在种下去的前四年，每年只长三厘米，但是到了第五年，它开始以每天三十厘米的速度迅速生长，短短六周的时间，就可以长到十五米的高度，之所以会有这种惊人的变化，是因为前面的四年，毛竹将大部分的营养都用来在土地里扎根。所以，如果你暂时看不到努力的成果，也不要害怕，因为你并不是没有成长，而是在打牢自己的基础，完成量变的积累，为实现质的飞跃积蓄力量。

一生只做一件事

在风景宜人的厦门鼓浪屿上，有一座特殊的宅院，它安静地矗立在游人如织的岛屿上，典雅秀丽，就像它曾经的主人一样。如果你曾经走近它，会看到它门口挂着的牌子上写着"林巧稚故居"。

对很多人来说，林巧稚这个名字很陌生，但在近代中国妇产科历史上，林巧稚的名字可谓如雷贯耳。

她是第一个从北京协和医学院毕业并直接留院行医的中国女医生，经她手接生来到这个世界的孩子超过五万个，可她自己终生未婚未育，还在去世前留下遗嘱：所有的积蓄捐献给医院的托儿所，遗体供医院做医学解剖用，骨灰撒在故乡鼓浪屿的海上。

纵观林巧稚的一生，她只做了一件事，那就是致力于中国的妇产科事业发展，为此不惜奉献了自己的一切。

林巧稚出生于一个开明的家庭，她的父亲毕业于新加坡的一所大学，对儿女的教育非常开明，所以林巧稚得以和哥哥一起读书求学。她本来就读于一所师范学院，但是在读书期间，她了解到当时中国医学和西方医学的差距，她毅然放弃了唾手可得的教师工作，报考了由美国创办的北京协和医学院，并千里迢迢从厦门赶到上海参加这场入学考试。

可是，谁也没有料到，考试进行到一半时，考场内的一个女生突然晕倒了。林巧稚毫不犹豫地放下了手中还未答完的试卷，对晕倒的女生实施了急救，而等她做完这一切，考试时间已经结束，她的试卷却没能答完。

幸运的是，主考官在得知她舍己为人的行为后，专门查阅了她的试

卷，并和她进行了一番交谈，最后破格录取她。

当别人问主考官为什么这么做时，主考官回答说："她所做的事情正是一个医生应该做的，我们不能错过这样的人才。"

果然，林巧稚没有辜负主考官的期望。她来到协和医学院后，十分刻苦努力地学习，最终以优异的成绩从协和医学院毕业，并直接留在协和医院工作。随后，因为工作期间良好的表现，她又先后被派到英国和奥地利进行深造，学习并掌握了当时最先进的医学知识。

从国外回来，林巧稚已经三十多岁，亲人朋友都劝她要抓紧时间结婚成家，可是林巧稚笑着说："我的时间用来治疗病人都不够，哪里顾得上结婚成家呢？"

就这样，林巧稚一生未婚，但她没有辜负自己的努力，成为当时最出色的妇产科医生。抗日战争期间，协和医院受战火影响被迫停业，林巧稚就自费租用了几间民房，继续自己的诊疗工作。在那个年代，战火纷飞，人民生活朝不保夕，多少人贫病交加，身无分文，但只要走进林巧稚的诊所，就能得到妥善的救治。林巧稚还为这些贫苦的病人垫付医药费，帮他们渡过难关。

中华人民共和国成立后，林巧稚继续在协和医院工作，年过半百的她不仅在手术台上忙个不停，还利用自己的休息时间，带着自己的学生来到偏远地区，帮助那里的妇女儿童减轻病痛。她曾经有一句名言："我是一辈子的值班医生。"

在她的努力下，中国的新生儿存活率大幅度提高，而她本人更是为国家培养出了无数妇产科人才，成为中国妇产科的主要奠基人之一。

女孩成长加油站：

大爱无疆，林巧稚的一生是为医学事业奉献的一生，同时也是光辉灿烂的一生。作为一位女性，她放弃了自己的个人幸福，致力于中国妇产科事业的发展，为整个社会留下了宝贵的医学财富。她是生命的守护天使，给无数家庭带来幸福，她的声名将一直流传下去。

关爱女孩成长课堂

女孩怎样成就自己的事业

在这个世界上，伟大的人有一个共同点，那就是在他们热爱的事业上，影响并推动了整个社会的发展，而林巧稚就是这样一位伟大的女性。她的可敬之处，在于她一生都在努力，任何时候都没有懈怠，不仅让自己成了业界翘楚，更是用自己的努力促进了中国妇产科事业的极大进步。

现实生活中，女孩们如果想要成为一个像林巧稚一样的成功女性，成就自己的一番事业，就需要付出许多常人难以想象的努力。女孩应该如何成就自己的一番事业呢？

首先，你必须拥有对社会有用的能力。一颗螺丝钉虽小，但是对于其所在的位置来说是不可或缺的。每个人都是一颗螺丝钉，你的能力高低和知识水平决定了这颗钉子的有用的程度，一个人只有自己能够独立生存下去，才有余力去帮助他人。所以，无论是踏进社会之前，还是踏进社会之后，你都要通过不断学习来完善和提高自己，让自己这颗钉子能够起到更大的作用。

其次，你必须培养自己的社会责任感。社会并不是无数个独立个体的

简单集合，而是一个相辅相成、不可分割的整体，一个人不可能脱离社会而生存，因此每个人都有一份对社会的责任。怀揣着一份对社会的责任，选择对社会更有益的事作为自己的事业，是女孩们成就自己事业的基础。

　　点滴改变世界，对社会有用的行为没有大小之分，哪怕只是星星之火，也能照亮一片天空，世界会因为你的存在而变得更加美好。

第三章

女孩，你的名字是强者

自我保护很重要

刚上中学的王小莉最近特别开心，因为她终于得到了父母的允许，可以一个人上学和放学了。爸爸叮嘱她，现在有很多伤害未成年人的事发生，让她一定要提高警惕，王小莉认真地答应了。

这天放学，王小莉需要留下来做值日，等她离开学校时，天色已晚，路上的行人也很少了。

王小莉边哼着歌，边走在回家路上，却突然被一个中年女人拦住了。

"小姑娘……"那个女人捂着肚子，脸上露出痛苦的表情，"我肚子突然很痛，你能帮忙把我送回家吗？我家离这儿不远。"

"当然可以！"善良的王小莉毫不犹豫地答应了，她好心地扶着那个女人，顺着她指的方向走。

走了大概十分钟，还没到那个女人的家。细心的王小莉发现她们走过的地方慢慢偏离了有行人的街道，越来越偏僻，可那个女人还在继续往前带路。

"阿姨，离你家还有很远吗？"王小莉忍不住问道。

"不远了，很快就到了。"女人语速很快地大声回答。

王小莉渐渐起了疑心，心里嘀咕道："刚才她不还说自己肚子痛吗？肚子痛的人会这么大声地说话？"

想到这里，她偷偷观察了一下四周，发现不远处有一家24小时药店，于是，她装成关切的样子对女人说："阿姨，你肚子痛得厉害吗？要不要我去帮你买一点药？"

"啊？不用不用！"女人一听就急了，"我这是老毛病了，只要到家就好了，我们快点走吧。"

"哦，原来是这样啊！"王小莉站在原地不动，她想要悄悄地把手从女人的手臂里抽出来，却发现被夹得很紧。王小莉心里有了不祥的感觉。

天已经越来越黑，这条小路上几乎没什么其他行人，再往前就是一条黑漆漆的小巷子，那个女人还在催促王小莉赶快走。

王小莉飞快地转动脑筋，终于想到了办法。她跟着女人又向前走了几步，然后趁那个女人不注意，把装在校服口袋里的钱包迅速掏出来扔在地上，并故意把钱包向后面踢出一段距离，踢完后，她突然大叫了一声："啊！我的钱包！"

那个女人转过身，果然看到身后不远处有一个钱包，这时王小莉趁机对她说："阿姨，你先在这里等一下，我去捡了钱包再过来扶你。"

"如果没多少钱的话就别捡了，等到了我家，我会送你一个新的！"那个女人还是不肯放开她。

王小莉眨了眨眼睛："阿姨，那个钱包里有五百元呢，是早上爸爸给我参加夏令营的钱，我还没交给老师呢！"

"那么多啊！那你去捡吧，要快一点！"听到钱包里有五百元的一瞬间，那个女人眼睛里露出一道贪婪的光芒，终于放开了王小莉的手臂。

王小莉微笑着转身，一步一步慢慢地走到钱包前。就在女人以为她要弯腰捡起钱包的时候，王小莉却突然加速奔跑起来，飞快地越过钱包，朝着前方狂奔。

"啊！站住！你给我站住！"女人发现自己被骗了，大吼着想要追上来，但是王小莉已经跑到了药店门口。

"救命啊！救命啊！"王小莉拍开药店的门，指着身后追来的女人大喊道，"那个人是人贩子，她想要抓走我！"

药店里的工作人员闻讯冲出来，那女人见势不妙就想跑，药店的工作人员迅速上前抓住了那个女人，并把她扭送到了附近的派出所。

王小莉凭借自己的机警得救了，但这次危险的经历就像警钟一样，时时在她脑海里回响。

女孩成长加油站：

中国有一句民间俗语："害人之心不可有，防人之心不可无。"意思是说，人要怀有一颗善良之心，不能有伤害别人的念头，但同时也要学会防备他人，保护自己。故事中的王小莉虽然一开始轻信了坏人的话，但是在关键时刻，她提高了自己的警惕心，并且运用自己的智慧，巧妙地迷惑了坏人，最终通过细心观察、准确判断和果断的行动成功自救。

关爱女孩成长课堂

女孩怎样提高自我保护意识

青春期是人生最美的一段时期，青春期的女孩更是如同含苞欲放的花朵，尽情地展现着自己的美丽。但是，我们也要清醒地认识到，青春期女孩身心发育还不成熟，社会经验不足，在面对一些突发的事故或者坏人的侵害时，往往处于被动的地位。这就需要青春期女孩一定要提高自我保护意识，学会远离危险。

提高自我保护意识，要学习和了解安全教育的相关知识。社会生活千变万化，坏人的手段层出不穷，为了避免受到侵害，青春期的女孩不仅要认真对待学校的安全教育课程，听取老师和家长关于安全知识的经验，同时要多听多看安全教育节目，从已经发生的事例中吸取经验教训，提高警惕，确保自己不会重蹈覆辙。

提高自我保护意识，要在日常生活的细节中避免危险。生活虽然多姿多彩，但是危险也无处不在。作为一个女孩，一方面，要尽量避免单独出行，不去偏僻的地方，不搭乘非公共交通车辆；另一方面，有陌生人主动搭讪时，要学会观察其言行举止，没有骗子是毫无破绽的。提高我们的警惕心，有利于我们避免坏人的侵害。

提高自我保护意识，要杜绝贪小便宜的思想。世界上没有免费的午餐，也没有从天而降的馅饼，很多坏人会利用女孩对于未来的美好幻想，引诱女孩上当。因此，女孩一定要从思想上有所戒备，要脚踏实地地追求自己的目标，不要贪小便宜，更不要轻易为他人的花言巧语所迷惑。

安全可贵，生命无价，女孩们要永远记得，提高自我保护意识是生活中最重要的一课，也是对自己、对家人负责的体现。

学会拒绝诱惑

我们都听说过灰姑娘的故事，她被恶毒的继母和姐姐们欺负，不能去参加王子的舞会，幸好神仙教母帮助了她，让她穿上漂亮的裙子和水晶鞋，坐着南瓜马车去了舞会现场。然而，魔法是有时限的，灰姑娘虽然和王子一见钟情，却不得不在午夜12点以前回到住处。为了让王子找到自己，灰姑娘故意落下了一只水晶鞋。后来，王子带着这只水晶鞋走遍全国，去寻找自己心爱的姑娘。

听说王子在拿着一只水晶鞋寻找舞会上的一位姑娘，只要能穿上水晶鞋，就能跟着王子回到王宫结婚。灰姑娘的后母和两个姐姐兴奋极了，她们认为这是改变命运的机会。于是，后母把灰姑娘关了起来，让自己的两个女儿去试穿水晶鞋。可是，她们本来就不是王子真正要找的人，怎么能穿得上那双水晶鞋呢？

冒名顶替的代价是巨大的，为了让水晶鞋合脚，两个姐姐不得不用刀子削去脚上多余的肉，忍着剧痛把双脚塞进了鞋子。

王子一开始还以为她们就是自己要找的人，可是仔细一看，却发现她们的双脚鲜血淋漓，根本就不是水晶鞋真正的主人。王子生气了，让她们把鞋子脱下来，把她们赶了回去。直到这时，灰姑娘的后母发现她的女儿们实在没办法成为王子的新娘，才肯把灰姑娘放出来。于是，王子终于找到了他心爱的灰姑娘，并带着她回到王宫，从此过上了幸福的生活。

当我们年纪还小的时候，看到灰姑娘的故事，会不由自主地嘲笑后母和两个姐姐的愚蠢。鞋子不合脚，怎么能用削足适履的办法来解决呢？

那只水晶鞋原本就不是她们的，就算付出再大的代价，最终也还是无济于事。但随着我们渐渐长大，发现现实生活中有不少像灰姑娘继母和姐姐这样的人存在。当某种利益足够有诱惑力的时候，即便心里清楚那不是属于自己的，仍然会有不少人想尽各种办法要将其据为己有。若"削足"能得到"水晶鞋"，他们会十分愿意付出这个代价。

我们曾以为仅仅只会出现在童话中的故事却不断在现实生活中上演，这不禁让人感到疑惑，已经成年的人，怎么还会做出这种愚蠢的举动呢？原因很简单，是利益太诱人了。就像后母和两个姐姐对水晶鞋的渴望一样，她们知道自己一旦穿上了那只水晶鞋，就能和王子结婚，从此住在奢华的王宫里，过上让普通人羡慕不已的生活。

只要付出一时的代价，就可以换取丰厚的回报，所以她们义无反顾地去做了。现实也是一样，我们会不断在生活和工作中遇到一双双不属于自己的"水晶鞋"，能不能抵挡住它们带来的诱惑，就要看人们是否能守住诚实的底线了。

女孩成长加油站：

灰姑娘的故事早就告诉过我们，假的永远也不会成为真实，所以不要在诱惑面前使用谎言去争夺不属于自己的幸福。两个姐姐为了穿上那只水晶鞋，不惜割伤自己，但还是被王子识破了。因此，如果想用谎言牟取利益，那是不可能的，要知道天下没有不透风的墙，纸是包不住火的，事情总有败露的一天。与其为了利益做一个虚伪的人，不如学会拒绝诱惑，用努力去争取真正属于自己的幸福。

女孩怎样学会抵御诱惑

有位名人曾经说过一句话："人的价值，在遭受诱惑的一瞬间被决定。"在人的一生中，诱惑无处不在，聪明的人懂得抵御诱惑，愚蠢的人会成为诱惑的奴隶。女孩们要时刻警醒自己，让自己成为一个能够清醒面对诱惑的人。

学会抵御诱惑，女孩应该摒弃不劳而获的心理。想要好成绩，就刻苦努力地学习；想要好身材，就挥汗如雨地锻炼；想要好未来，就脚踏实地地创造。世界上没有不劳而获的好事，想要取得丰美的收获都需要艰辛的付出。

学会抵御诱惑，女孩要懂得选择朋友和环境。远离那些表面上甜言蜜语、实际上带你走弯路的朋友，远离那些灯红酒绿、让人不由自主堕落的环境，和那些勤奋上进的人交朋友，多去书店、图书馆之类的好地方，用不断丰富的精神世界去对抗千变万化的诱惑。

学会抵御诱惑，女孩要及时树立人生的目标。方向定了，才不容易走弯路。在面对诱惑时，默念这个目标，降低诱惑对自己的吸引力。同时，平时多对自己进行一些意志力的锻炼，冥想、反思、写日记都是不错的方法，通过对意志力的不断强化，增强对诱惑的抵抗力。

诱惑并不是不可抵御的，关键要看你有没有战胜它的决心和勇气。

勇敢地站出来

十八岁那年，金晶告别了自己的父母和朋友，一个人千里迢迢来到美国留学。她刚到美国的时候，周围一个人也不认识，她只能自己孤单地生活在租住的房子里。

到了开学的日子，金晶很开心，她觉得自己终于可以摆脱孤独，认识新的朋友了。可是，当她走进教室，微笑着向大家做自我介绍时，却发现根本没有人认真听她说话，那些肤色各异的同学都用冷漠的目光看着她，就像是在看一只不小心闯进狼群里的小羊。

"看，这就是那个亚洲来的女生，看起来又瘦又小，是不是很像一只鹌鹑？"每当金晶经过人群，总是能听到这种充满了嘲弄的声音，她有好几次都想大声斥责他们，但是看到对方高大的身形，很快就打了退堂鼓。

因为金晶的沉默，大家更加不把她放在眼里，后来甚至发展到敢当面嘲笑她，而金晶对这一切无计可施。

"也许他们对亚洲人都有偏见，不是针对我。"她只能这样偷偷安慰自己。

可是，很快现实就让她的自我安慰落空了。这一天，金晶所在的专业和另外一个专业的学生要共同上一节公开课，她进去之后习惯性地找了一个角落的座位坐下，尽量不引人注意。结果刚刚坐好的金晶，就听到教室前面传来一阵爽朗的笑声，她循着笑声望过去，看到了一张明显和她一样是亚洲人的面孔。

那是一个女生，黑发黑眼让金晶一下子有了一种亲切的感觉。但是，

令金晶震惊的是，那些平时对她视而不见的同学此刻却像是被施了魔法一样，全部围在那个女生身边，听那个女生高谈阔论。偶尔有人说了不合适的话，被那个女生狠狠一瞪，也会迅速向她道歉。

等到这节课结束，金晶从别人的闲谈中得知，那个女生和她一样是中国人，名字叫林姗姗，比她早来留学一年，但现在已经是学校里的风云人物了。她每年圣诞节都会牵头举办学校里的留学生联谊会，大家都非常喜欢她。

"如果我也能去参加联谊会就好了。"金晶暗暗祈祷。

不知道是不是上帝听到了她的祈祷，圣诞节的前一天，金晶果然接到了联谊会的邀请函。她开心极了，握着邀请函的手都激动得发抖。

很快，圣诞节到了，精心准备的金晶按时来到了联谊会现场，大家三五成群地围在一起聊天、玩游戏，其乐融融，金晶却只能站在一边羡慕地看着。

正在这时，一个金色头发的女孩四处张望了半天，发现金晶落单之后，跑过来拉着她："快！我们玩游戏缺一个人，你一起来。"

金晶惊喜地瞪大了眼睛，顺从地跟着女孩来到了一张桌子旁边，那里已经有几个人在等着，桌子上还摆着几副纸牌，应该是要玩纸牌游戏。

大家看到女孩拉来了人，都高兴地望过来。结果看到拉来的人是金晶后，众人的脸色都变了，其中一个男生更是大声叫道："喂！你怎么叫这个鹌鹑来？她那么蠢，怎么可能会玩纸牌游戏？"

男孩的话像一盆冷水泼在金晶的心上，金晶在短暂的惊愕之后，长久以来被压抑的委屈一下子爆发了，她不想再像过去一样隐忍，整个人像是被触怒的小兽一样站出来反击道："你才是鹌鹑！你凭什么认为我连这么简单的纸牌游戏都不会？你敢和我比试比试吗？"

金晶出人意料的反应让周围的人都愣住了，那个主动挑衅的男生恼羞成怒地吼道："比就比！"

谁也没有想到，比赛开始后，平时不起眼的金晶就像是突然间换了一个人，连续三局都将那个男生打得落花流水，最后男生只好低头认输。

就在这时，人群中突然响起了清脆的掌声。金晶回过头，看到林姗姗走到她身边，双眼发亮地对她说："太酷了！就应该这样！为自己勇敢地站出来，向他们证明，你一点儿都不比他们差！"

从这天开始，金晶再也不是过去那个任人忽视和欺负的女生了。当遇到不公平的事情，她不再忍气吞声，而是勇敢地站出来维护自己的尊严。渐渐地，没有人敢再轻视她，她成了和林姗姗一样强大又自信的女孩。

女孩成长加油站：

面对偏见，不同的人有不同的处理方法，懦弱的人会向偏见低头，勇敢的人则会向偏见宣战。前者会被偏见左右，成为偏见的牺牲品；后者会用自己的行动和自信战胜偏见，最终融入环境，释放出自己的光芒。偏见是一只纸老虎，只要你敢于伸出手，就一定能冲破它的阻挡，找到属于自己的天地。

关爱女孩成长课堂

女孩如何消除别人对自己的偏见

世界每天都在变化，但是有些人的想法始终固执不变，这是产生偏见的根源。女孩在追求成功的过程中，因为性别、性格等各种原因，更容易遭受其他人的误解，这个时候，要学会像金晶一样，勇敢地站出来，向偏见宣战，捍卫自己的尊严。

首先，想要消除别人对自己的偏见，要有强大的自信。人的一生中，或多或少都会遇到别人对自己持有偏见的时候，但是，遇到偏见不要害怕，要学会将它当成成功道路上的一道普通的坎坷，只要找对方法，就一定能战胜它。

其次，想要消除别人对自己的偏见，还要有对自我的正确认知。正确的自我认知是战胜偏见的基础，别人对你的评价是好是坏都不重要，重要的是你知道自己是个怎样的人，找出自己的优点，坚定自己的信念，才能不被偏见所影响，保持清明的内心。

最后，想要消除别人对自己的偏见，一定要将内心的想法付诸行动。偏见是顽固且不讲道理的，面对偏见，不要着急，也不要慌乱，努力找出推翻偏见的突破点，寻找合适的时机，用自己的实际行动改变对方的看法，树立自己新的形象。

不要生活在过去

小樱以全镇第一名的成绩考上了县里最好的高中，这个消息传出来后，同学们纷纷打来电话表示祝贺。左邻右舍提起小樱就会竖起大拇指，小樱的爸爸妈妈更是笑得合不拢嘴，就连刚刚五岁的妹妹听到别人提起姐姐，脸上都会浮现出骄傲的笑容。

一整个暑假，小樱走到哪里都会引起人们的关注。大家对小樱寄予厚望，平时教育孩子都拿小樱做榜样，希望他们能像小樱一样争气。

在一片赞扬声中，小樱迎来了崭新的高中生活。开学第一天，爸爸放下家里的农活，带着亲戚朋友们送来的礼物，把小樱送到了高中学校里，临走前嘱咐她说："小樱，你在这里要好好学习，大家都等着你继续拿第一名呢！"送走了爸爸，小樱对自己未来的三年学习生活充满了信心。以前小镇上的初中老师告诉她，她是小镇中学建校以来成绩最好、天赋最高的学生，她对此深信不疑。要知道，小镇已经连续多年没有人以这样好的成绩考上这所重点高中了，大部分学生都因为成绩不够理想，只考进了县城的普通高中。

可是，没过多久，小樱就发现现实好像和她预想的不一样。以前的她只知道埋头学习，从来没有关注过外面发生了什么。到了这里才发现，周围同学们谈论的很多事情都是她不知道的。而她知道的一些东西，只要说出来，别人只会觉得好笑。再加上她带着家乡口音的普通话，还有她落伍的衣着，渐渐地，愿意和她的交流的同学越来越少了。

不仅如此，在自己最得意的学习上，小樱也遭遇了难题。连续两次月

考，她的成绩都处于中游，不仅没法和她初中时的成绩相提并论，连很多入学成绩不如她的同学都远远超过了她。

连番的打击让小樱很难过，她开始无比怀念过去在家乡的日子，那时候多好啊，老师们喜欢她，同学们羡慕她，自己走到哪里都有种众星捧月的感觉，不管她做什么大家都觉得是对的，哪里像现在……

班主任老师发现了小樱的问题，在一个放学后的傍晚，她将小樱约到学校的小树林里，一边散步一边闲聊。等走到一棵树下的时候，老师突然停了下来，原来，在她们脚下不远处有一个蚂蚁巢穴，成群结队的蚂蚁正忙着运送食物回自己的巢穴里。

老师蹲下来，将一些吃剩下的面包屑洒在蚂蚁已经爬过的路上。有的蚂蚁像是什么都没发现，只顾叼着食物向巢穴里爬去，有的蚂蚁却在闻到身后食物的香味后，忍不住停下来回头寻找香气来源，爬得越来越慢，渐渐掉到了队伍的末尾。可是，它们的能力有限，一次只能运送一点食物，所以在面包屑和口中的食物之间，它们犹豫了很久，等好不容易做好决定，依然只能搬起差不多大小的东西，最终被它们带回巢穴里的依然只有最初的那一点食物。

"你看明白了吗？"过了不知道多久，老师才开口，"想要达到自己的目标，就只能一直向前，回头的次数多了，必定会落后于其他人，最后得不偿失。"

老师的话给了小樱很大的触动，在之后的日子里，她无数次想起那群蚂蚁的举动，每当忍不住要沉浸在对过去的回味时，她就提醒自己，不能做一只因为回头而落后的蚂蚁。渐渐地，过去的事情在小樱脑海中出现的次数越来越少，她一步步融入到了新的环境中，成绩也慢慢好了起来。

三年后，小樱再次以优异的成绩考上了理想的大学。她家乡的人们依然对她赞不绝口，可只有她自己明白，路是向前延伸的，所有的荣誉都只代表过去，还有崭新的未来在前方等着她。这一次，她一定会做得更好。

女孩成长加油站：

每个人的一生都可以归纳为三个阶段：昨天，今天和明天。昨天已经成为过去，今天就在当下，明天代表着未来。聪明的人总是选择活在当下，因为昨天已经过去，明天始终未知，只有此时此刻才是我们真正可以把握的真实人生。因此，做一个活在当下的人吧，过好现在每一天，珍惜现在拥有的一切，活出自我，活出精彩。

关爱女孩成长课堂

女孩怎样学会活在当下

生活中，经常会听到有人说，要活在当下。那么，怎样才算是活在当下呢？其实很简单，一个真正懂得活在当下的人，不会总是追忆过去的荣耀，也不会一味地悔恨过去的错误，更不会盲目地幻想未来，而是脚踏实地，认认真真地做好自己现在能做的所有事情。生命只有一次，时间才是我们最大的财富，想要不虚度光阴，女孩们就要学会让自己活在当下。

活在当下，首先要做到不被过去束缚。不要将过去的辉煌或者成绩挂在嘴边，也不要对过去的失败耿耿于怀。你可以铭记成功的经验，也可以不忘失败的教训，但是不要被它们左右，轻装上阵，才能走得更远。

活在当下，其次要做到正视现在。周围的环境是在不断变化的，当你到达了一个新的阶段或者新的环境，就要拥有一颗从头开始的心。保持

对新事物的兴趣，勇敢面对当前的挑战，将每一个今天都当成最后一天来过，不让自己留下遗憾。

活在当下，最后要合理地预期未来。不要好高骛远地幻想自己一夜成名，也不要悲观地推测自己会一败涂地。将来的你是什么样子，是由现在的你决定的，与其将时间浪费在对未来的遐想上，还不如踏踏实实地走好脚下的路，因为，只要你脚步不停，总有一天会到达自己想去的地方。

命运掌握在自己手中

众所周知，奥斯卡金像奖是电影界的最高荣誉，凡是能获得奥斯卡奖项的演员，无一例外都是行业内的佼佼者。可是，谁又能想到，奥斯卡最佳女主角奖曾经颁给过一位聋哑人呢？

这位聋哑女演员名叫玛丽·马特琳，她是电影《失宠于上帝的孩子们》的女主角，也是第五十九届奥斯卡最佳女主角奖的获得者，获奖的那一年，她才二十一岁。

和其他正常的演员相比，玛丽·马特琳的表演之路走得异常艰辛。在她一岁半的时候，一场突如其来的高烧让她失去了听力，同时也无法学习说话，她从此变成了一个聋哑人。她的母亲抱着她难过地哭了很久，担忧女儿未来的生活。

可是，让她的母亲感到欣慰的是，随着玛丽·马特琳一天天长大，她并没有因为自己和其他孩子的不同而自暴自弃，而且，她仿佛有着天然的表演欲望，每天和小朋友玩耍回来，都会手舞足蹈地向爸爸妈妈表演她做过的事情，无论是表情还是动作都惟妙惟肖。

玛丽·马特琳的特殊才能引起了父母的注意，在她八岁那年，父母将她送到一所聋哑儿童剧院，希望她能在那里找到属于自己的人生。果然，进入聋哑儿童剧院的玛丽·马特琳很快就表现出了过人的表演天赋，一年后，她已经能够在剧院演出的儿童话剧中担任重要的角色。

玛丽·马特琳曾经说过，在聋哑儿童剧院的八年，是她人生中最快乐的日子。那时候，她一心沉浸在表演中，每天都过得很开心。但是，美好

的时光总是短暂的，玛丽·马特琳十六岁了，她已经不再适合儿童剧的角色，只好离开了剧院。

离开了剧院的玛丽·马特琳度过了一段十分迷茫的日子，但是内心深处对于表演的热爱让她不愿意就此放弃，于是她经常会回到剧院里观看别人的表演，剧院的负责人看到她如此舍不得这个舞台，就经常会在需要年龄大一点的角色时让她来表演。对于这样的机会，玛丽·马特琳非常珍惜，哪怕是再小的角色，她都会仔细琢磨，然后倾尽全力去表演。

这样的生活持续了整整三年，玛丽·马特琳在这期间表演了无数角色，每一个都给人留下了深刻的印象。尤其是她在话剧《失宠于上帝的孩子们》中的表演，更是吸引了一位女导演的注意。这位女导演就是兰达·海恩斯，也是电影《失宠于上帝的孩子们》的总导演。

事实上，在选择玛丽·马特琳之前，导演兰达·海恩斯已经在世界各地观察了很多的女演员，但是没有一个能达到她对女主角的预想。《失宠于上帝的孩子们》中的女主角萨拉是一个聋哑女孩，她所有的情绪都只能通过眼神、表情和动作表达，如果让正常的女孩来表演，总感觉好像缺点什么。

在别人的推荐下，兰达·海恩斯无意间看到了《失宠于上帝的孩子们》的话剧表演录像，玛丽·马特琳在里面虽然只是饰演一个配角，但她丰富的表情、对角色的准确演绎和精湛的演技，让兰达·海恩斯立即决定启用她来作为自己新电影的女主角。

电影的上映让玛丽·马特琳走入了万千观众的视野，无数观众为这个聋哑女演员在大银幕上的表演所折服，连一向以高标准闻名的奥斯卡金像奖评审也向她抛出了橄榄枝。

两年后，奥斯卡金像奖的颁奖典礼上，玛丽·马特琳接过最佳女主角奖的一刹那，全世界都为之喝彩。

女孩成长加油站：

挫折与苦难是对绚烂人生的打磨，勇敢和坚持是开启成功之门的钥匙。在生活的不幸面前，是否具备坚强刚毅的性格，是区别伟大和平庸的标志之一。毫无疑问，玛丽·马特琳就是一个能够用坚强的意志对抗不幸遭遇，并最终取得成功的人。在苦难面前，学会扼住命运的咽喉，做自己命运的主人，成功之花将会在你的世界中常开不败。

关爱女孩成长课堂

女孩怎样培养自己坚强的意志

法国作家雨果曾经说过："人生的大道上荆棘丛生，这也是好事，常人都望而却步，只有意志坚强的人例外。"拥有坚强意志的人总是更容易触摸到成功的脉搏。可是，坚强的意志并不是天生的，它的锻炼和培养需要经历十分艰苦而漫长的过程。女孩们想要拥有坚强的意志，就必须持之以恒、坚持不懈地努力。

首先，要树立明确的目标。心理学家曾经做过实验，一个人想要改变自己对家人的态度，他一开始只是简单地承诺要对家里人更好，结果没几天就恢复原状，但当他将目标定为对妻子平等相待时，他便成功做到了。可见，拥有明确目标的人更容易获得成功，就像故事中的玛丽·马特琳一样，她的目标就是表演，最后机会果然降临到了她的身上。

其次，要有循序渐进的耐心。坚强的意志不是一夜之间突然形成的，在训练自己的过程中，不可避免地会遇到挫折和失败，这个时候，一是不要过度地苛责自己，二是要找到自己斗志涣散的原因，然后有针对性地去

解决它。

　　最后，要培养自己对所从事的事业的浓厚兴趣。对事物的热爱和兴趣能帮助你抵挡住失败的打击，不断重塑你的自信心，当你能够从一件事情中得到乐趣，就不会再害怕未来的风雨，而是会将风雨当成成功的前奏，战胜它们，迎来胜利。

打拼才是人生的常态

陈晨是一名普通的打工妹，在她十七岁那年，因为贫困的家庭无法同时负担她和哥哥两人的学费，陈晨被迫辍学，在嫁人和外出打工两种选择之间，她毅然选择了后者。

和那个年代无数打工妹一样，陈晨乘着南下的列车，来到了打工者的聚集地广州。这里到处都是加工厂，招人没有学历要求，也不需要有过人的技能，只要你能够忍受枯燥的流水线工作，就能在这里生存下去。

可是，陈晨并不想一直走这条看起来没有上进希望的道路。她始终对自己没能走进大学而耿耿于怀，因此更希望能够在工作中学习到有用的知识。于是，在几经周折之后，她选择做一名广告业务员。

陈晨应聘的广告公司刚刚起步，在招收业务员时，招聘条件设置得比较宽松，和陈晨一起被聘用的很多是应届大学毕业生，他们一时间找不到合适的工作，将广告业务员这个岗位当成了临时过渡，一旦有更好的机会，他们就会毫不犹豫地跳槽。

每当这个时候，陈晨都会羡慕他们，可是，低头再看看自己，一个没学历、没人脉、没特长的"三无"打工妹，能够得到这样一份工作已经很不容易了。因此，陈晨告诉自己，一定要沉下心来做好这份工作，坚决不能轻言放弃。

广告业内的竞争非常激烈，广告业务员的工作并不轻松。刚开始的时候，陈晨每个月只能拿到很少的底薪，付完房租、扣除吃饭的钱后，口袋里已经所剩无几了。于是，去跑业务的时候，只要不是太远，陈晨都靠自

己的两条腿走过去，就这样渡过了最困难的时光。

在很多人的眼里，广告业务员上门推销是一种不太受欢迎的行为，陈晨无数次遇到被人赶出来的经历。可是，面对这种情况，陈晨从来不会轻易退缩，一次不行，她就会去第二次、第三次……一直到对方的负责人愿意见她为止。

在跑业务的过程中，陈晨如饥似渴地学习很多与广告相关的知识，再加上她思维灵活，总是能有不错的创意提供给客户，渐渐地，她有了自己固定的客户群，并且这个客户群还在不断地壮大。

而这时距离陈晨入职已经整整五年了，五年前和她一起入职的人早已散落到各行各业，只有她在这家公司坚持下来，并且成了业务部的中流砥柱，不管是收入还是职位，都比刚刚进公司时高了一大截。但是，陈晨并没有就此知足，她深知自己的短板，因为学历的限制，现在已经是她能在这家公司到达的顶点，想要获得更大的成功，就只有走出这里，寻找新的发展。

于是，两年后，陈晨在经过充分准备的情况下，正式从公司离职，同时借助她多年在广告业内的人脉资源和知识积累，成立了自己的广告工作室，并且招来了几名大学生做员工，开始了新的事业。

短短七年的时间，当年那个匆匆离开家乡投身广州的打工妹，通过自己坚持不懈的努力，在人才遍地的大城市站稳了脚跟，拥有了一片属于自己的天地。而这一切不仅源于她从未熄灭的上进心，更源于她执着的进取精神。

女孩成长加油站：

人生道路曲折又漫长，最终能够决定每个人到达高度的不是起点的高低，也不是天赋的优劣，而是是否有一颗不达目的誓不罢休的进取心。就如同故事中的陈晨一样，她对自我有清醒的认知，知道自己想要什么，欠缺什么，而且从不好高骛远，而是脚踏实地地积累资本，最终在机会来临时一鸣惊人。成功从来不是偶然的，只有坚持不懈的努力和紧紧抓住机会的勇气，才是通往成功的必经之路。

关爱女孩成长课堂

如何做一个厚积薄发的女孩

著名数学家华罗庚曾经说过："面对悬崖峭壁，一百年也看不出一条缝来，但用斧凿，能进一寸进一寸，得进一尺进一尺，不断积累，飞跃必来，突破随之。"由此可以看出，成功是一个不断积累的过程，初始的努力也许不能立即看到效果，但是只要坚持下去，总有一天量变会引起质变。厚积薄发是一种宝贵的人生经验，也是成功者应该具有的人生态度，所以，女孩们要让自己学会厚积薄发、耐心求成。

厚积薄发的前提是要学会积累。古人云："不积跬步，无以至千里；不积小流，无以成江海。"做事需要脚踏实地，一步一个脚印，才能最终达到目的。因此，想要实现人生目标，就一定要戒骄戒躁。处处留心皆学问，让自己的每一天都有收获。

厚积薄发的关键是要学会坚持。任何成功都不是一蹴而就的，在过程

中可能会有失败，会有曲折，会有仿佛看不到希望的时刻。这个时候，一旦你放弃了，那么之前所有的积累都会随之化为乌有，相反，只要你静下心来，不去和别人比较，一直坚持下去，生活一定不会辜负你的努力。

厚积薄发的落脚点是要学会有的放矢。知道自己要什么，知道自己想要成为什么样的人，这是所有努力的前提。因此，女孩们一定要有明确的目标，并且为之做好充足的准备，这样当机会来临时，才能胸有成竹地去迎接它。就像故事中的陈晨一样，数年的学习和积累，只为了改变自己的命运，而事实证明，她做到了。你，也能做到。

要做就做最好

文静是一所大学外语系的高才生，因为成绩优异，她一毕业就被一家知名跨国公司录取，成了一名名副其实的白领。

可是，理想和现实之间总是有差距的，等文静正式入职后才发现，她的岗位美其名曰是秘书，其实就是一名接线员，每天的工作内容就是接听来自海外的订单电话，然后将它们记录下来，再按照订单性质发送给相关部门。

刚刚接触这份工作时，文静的心里充满了憋屈和不甘。她一个堂堂外语系的高才生，怎么能来做这种没有技术含量的工作呢？于是天天都在考虑要不要辞职。结果，就在她下定决心辞职的前一天，她不小心将一个部门的订单发错给了另外一个部门，等发现的时候已经晚了。迟迟没收到订单的部门经理怒气冲冲地跑过来指责文静："公司雇你是来干什么的？你连这点小事都做不好，还不如早点辞职走人。"

这位部门经理的话对文静来说不亚于当头一棒，一直到那天下班，她还在想，对方说得没错，她一直以为自己在这里是大材小用，但事实上，她连接线员这样一份简单的工作都做不好，就算是再换一份工作，又能好到哪里去呢？

想通了之后，文静决定不辞职了。从第二天起，她开始认真对待每一个电话，并且迅速背熟了整个公司所有部门的业务范围、负责人邮箱以及业务往来最频繁的一些客户的联系方式、订单注意事项等。到了后来，她已经能做到只要电话一响，她看一眼来电号码，就能在接起来的瞬间准确

叫出对方的名字。几次过后，这些感受到尊重的客户都对文静赞不绝口。

公司老板无意间从客户那里知道了这件事情，于是在上班时间来到文静的工作间，当着大家的面表扬了她，称赞她对待工作认真负责。文静却摇摇头谦虚地回答："我只是将交到自己手中的事尽力做到最好而已。"

不久之后，文静被调离了接线员的工作岗位，成了公司的翻译，负责接待前来洽谈业务的外国客户。她上任的第一天，就用专业的态度和娴熟的口语，取得了一位对翻译要求非常高的客户的信任，从此以后这位客户只要来洽谈业务，就一定会点名要求文静全程翻译。

就这样，凭着心中一股"要做就做最好"的精神，文静先后在公司的多个岗位上取得了令人瞩目的成绩。三年后，她作为公司中层负责人的重点培养对象，被送往英国的一所著名商学院留学，并且用短短两年的时间就取得了别人三年才能拿到的学位。

如今，十年过去了，当年那个连接线员工作都做不好的文静，已经成了这家跨国公司在中国地区的负责人，而她"要做就做最好"的信念，还在鼓励她继续前行。

女孩成长加油站：

西方有一句俗语："如果要挖井，就要挖到水出为止。"这句话表达的意思是，事情要么不做，要做就做最好。故事中文静的经历更是验证了这个道理，对待自己要做的事情，消极应付就是对生命的浪费，只有尽其所能将其做好才是对自我的尊重。

关爱女孩成长课堂

女孩怎样培养"要做就做最好"的心态

诺贝尔物理学奖获得者丁肇中曾经说过一段话："没有人记得谁第二个发现了相对论，要做就做第一。在自然科学研究上，第二名就是最后一名。"同样的道理，现实生活中，不管做什么事情，最受人们关注的永远都是那个做得最好的人。因此，女孩们想要出人头地，就要培养自己"要做就做最好"的心态。

想要做到这一点，首先，你要学会将小事做好。你的目标可以高远，但在实际行动中要脚踏实地。前日本内阁邮政大臣野田圣子曾经做过清洁工，她在当清洁工时就给自己定下一条原则：即使一生都要洗厕所，也要做洗厕所洗得最出色的人。每次经她清洗过的马桶，干净得她敢从里面直接盛水喝。只有在小事上做到极致，大事上才能不掉链子。

其次，要有持之以恒的勇气。想想做好一件事不难，难的是将这种精神一直坚持下去。因此，在做事或者学习的过程中，你要自觉抵制外界的干扰和诱惑，做一个意志坚定的人。

最后，要有初学者的心态。初学者的心态是指永远抱着一颗谦虚的心去面对一切，不管你拥有多么丰富的经验，多么浩瀚的知识，都始终将自己放在初学者的位置，不骄傲，不自满，从零学起，从细节入手，用心做好每一件事。

突破自我设限

十七岁的欣宜是一位跳高运动员，她的偶像是世界女子跳高纪录的保持者——保加利亚女子跳高运动员斯蒂夫卡·科斯塔蒂诺娃，她梦想着自己有一天能打破对方2.09米的世界跳高纪录，即使这一纪录已从1987年保持至今。当她将这个梦想告诉自己的教练时，教练一脸严肃地对她说："根据你之前的表现和你目前的身高，我判断你的最好成绩不会超过1.92米，这是你的极限，这个成绩已经足够在国际赛事上获奖了。"

教练的话让欣宜很沮丧，被他人告知自己的梦想是不可能实现的，这是一件多么让人难过的事情。

"难道我真的不能跳得比1.92米更高了吗？"训练的时候，她总是会忍不住问自己。

时间在欣宜的努力中过去了三年。这三年中，欣宜入选了省跳高队，还换了教练。在新教练的指导下，她夜以继日地练习，成绩从1.75米不断提高，终于达到了1.9米的门槛。终于，在一次全国性的比赛中，欣宜超水平发挥，以1.92米的成绩获得了女子跳高组的冠军。

从领奖台上下来，队友们纷纷过来对她表示祝贺，一旁的教练更是满怀希望地对她说："再努力点，下次能跳得更好。"

可是，谁也没想到的是，这次比赛过后，连续九个月的时间，欣宜的成绩一直稳定在1.9米到1.92米之间，怎么都无法突破，不管教练怎么调整训练方案，欣宜都不能多跳高哪怕1厘米。

教练疑惑了，他觉得欣宜完全有进步的空间，但不知道为什么，每次设定的高度只要一超过1.92米，她在起跳的时候总会下意识地犹豫一下，可这连一秒钟都不到的犹豫，直接导致她起跳的动作不佳，进而影响到了她的成绩。终于有一次，欣宜又一次试跳1.93米失败，教练恼怒地问她为什么会在起跳时犹豫，欣宜迟疑了很久，最终说出了之前的教练对她说过的话。

"每次目标超过1.92米，我都会在起跳前想起他当时的话，然后就会觉得自己跳不过去。"欣宜垂头丧气地说。

"原来是这样。"教练恍然大悟，他对欣宜说，"不是你跳不过去，而是你受那句话的影响，给自己的能力设了限制。"

那天，教练没有批评欣宜，而是给她讲了一个故事。科学家们曾经做过一个实验，将一只跳蚤放进一个玻璃杯中，跳蚤很轻易就跳了出来。接下来，科学家给玻璃杯加一个盖子，这次跳蚤不管怎么跳，都会撞到玻璃杯盖，次数多了，跳蚤学聪明了，会开始根据盖子的高度调整自己跳起的高度，每次都确保跳得足够高，却又不碰到盖子。过后，科学家将盖子拿掉，但是跳蚤跳起来的高度和原来一样，始终在玻璃杯中徘徊，再也无法跳出去了。

"跳蚤的弹跳能力改变了吗？并没有。"讲完故事，教练总结道，"按照科学家的测量，每只跳蚤都可以跳出自己身高四百倍的高度。可是它为什么跳不出去呢？是因为在它的心中，那个盖子始终存在。之前的教练的错误判断，已经成了你头顶的'盖子'，现在我可以把'盖子'拿掉，因为你的潜力不只是1.92米。但是，你心头的那个盖子呢？你自己拿掉了吗？"

那一天的训练场里，欣宜坐在那里很久都没动，没有人知道她想了什么。但是从第二天起，所有人都发现欣宜的状态变了，她不再像以前一样总是对超过1.92米的高度望而却步，而是鼓起了勇气，一次次去挑战1.93

米，甚至1.94米。

半年后，当欣宜重新出现在赛场上时，她用1.94米的成绩刷新了自己的纪录。站在高高的领奖台上，她望着台下的教练，终于露出了如释重负的笑容。

女孩成长加油站：

生活之所以美好，是因为它拥有着无限的可能。在世界上所有的生物中，没有任何一种生物像人类一样拥有无穷的潜力。一个懂得不断突破自我的人，能看到更多的风景，而一个自我设限的人，无疑是将自己的潜力埋没。一切皆有可能，人生从不设限。

关爱女孩成长课堂

女孩怎样学会突破自我设限

什么是自我设限？自我设限是指一个人面对可能到来的失败威胁，事先调整自我预期，为失败或放弃创造一个合理的借口，从而保护自己的一种行为。这种行为是愚蠢的，因为它是一个人为自己设置的障碍，它会始终影响着你走向成功。如果想要摆脱这种命运，就要学会超越自己，突破自我设限。

生活中，女孩们更容易犯自我设限的错误。"我是女生，学不好数理化很正常。""女孩子力气小，这个东西我肯定拿不动。"诸如此类的话语都是在自我设限，如果总这样想，久而久之，就容易沿着自己设定的局限，让自己的潜力永远沉睡。

想要改变这种情况，女孩们就要学会勇敢地突破自我设限。首先，要不断地对自己输入正面信息。土耳其有句古老的谚语："每个人的心中都隐伏着一头雄狮。"凡事告诉自己"不要怕，你能行！"去唤醒这头雄狮，你就能创造奇迹。

其次，改变给自己找借口的习惯。人之所以自我设限，归根结底是因为害怕失败，而借口能给人一种避免失败的错觉。因此，从现在开始，你要养成一个习惯，凡事先去行动，而不是先找借口。万事最难是开始，将借口丢开，你会发现事情根本没有那么难。

最后，要选择性地倾听外界的声音。故事中的欣宜正是因为前一个教练的一句话，导致久久不能取得跳高成绩的突破。因此，当你想要做一件事情时，要学会选择性地倾听外界的声音，培养自己屏蔽外界消极影响的能力，让自己轻装上阵，走向成功。

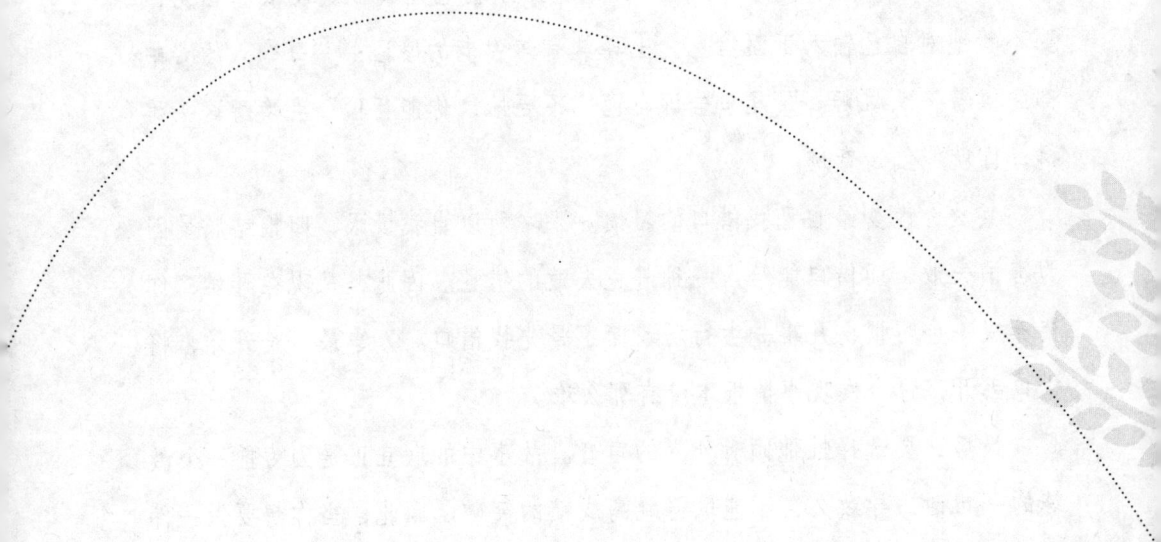

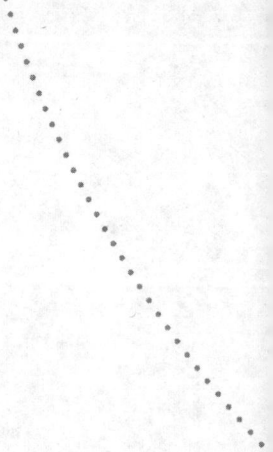

第四章

感恩与爱让女孩更受欢迎

感恩友谊

由于飞机的狂轰滥炸，一颗炸弹被扔进了一所孤儿院，孤儿院里的几个孩子和一位工作人员被炸死了，还有几个孩子受了伤。其中有一个小男孩流了许多血，伤得很重。幸运的是，不久之后就有一个医疗小组赶来了，小组只有两个人，一个女医生，一个女护士。

女医生很快对重伤的小男孩进行了急救，但是那个小男孩失血过多，需要马上输血抢救，她们带来的不多的医疗用品中没有可供使用的血浆。于是，医生决定从在场的幸存者中找找是否有和小男孩匹配的血型。她给在场的所有人验了血，终于发现有几个孩子的血型和这个小男孩是一样的。可是，问题又出现了，医生和护士都不怎么会说越南语，而在场的孤儿院的工作人员和孩子们只听得懂越南语。

于是，女医生尽量用自己会的越南语加上一大堆的手势告诉那几个孩子："你们的朋友伤得很重，他需要血，需要你们给他输血！"终于，孩子们点了点头，好像是听懂了，但眼里藏着一丝恐惧。

孩子们没人吭声，没有人举手表示自己愿意献血，女医生没有料到会是这样的结局，一下子愣住了，为什么他们不肯献血来救自己的朋友呢？难道刚才对他们说的话他们没有听懂吗？

忽然，一只小手慢慢地举了起来，但是刚刚举到一半又放下了，过了一会儿又举了起来，然后再也没有放下！

医生很高兴，马上把那个举手的小女孩带到临时的手术室，让她躺在床上。小女孩僵直着躺在床上，看着针管慢慢地插入自己细小的胳膊，看着自己的血液一点点地被抽走，眼泪不知不觉地就顺着脸颊流了下来。

医生紧张地问是不是针管弄疼了她，她摇了摇头，但是眼泪还是没有止住。医生开始有点慌了，因为她总觉得有些不对劲，但是到底是哪里呢？针管是不可能弄伤这个孩子的呀！

关键时候，一个越南的护士赶到了孤儿院。女医生把情况告诉了越南护士。越南护士连忙低下身子，和床上的小女孩交谈了一下，不久后，小女孩终于破涕为笑。

原来，那些孩子都误解了女医生的话，以为她要抽光一个人的血去救那个重伤的小男孩。一想到不久以后就要死了，小女孩才哭了出来！医生终于明白为什么刚才没有人自愿出来献血了！但是她又有一件事不明白了："既然以为献过血之后就要死了，为什么她还自愿出来献血呢？"医生问越南护士。

越南护士用越南语询问小女孩，小女孩小声地回答了，答案很简单，却感动了在场所有的人，她说："因为他是我最好的朋友，也曾经帮助过我，我的妈妈告诉我，对朋友的帮助永远要心怀感恩。"

女孩成长加油站：

古人云："滴水之恩，当涌泉相报。"心中有爱，人才会懂得感恩。故事中的小女孩年龄虽小，但是已经懂得了感恩的真谛，并且勇敢地付诸行动。现实生活中，和谐的人际关系不仅需要一帆风顺时的携手共进，还需要遇到危难时的那一颗敢于奉献的感恩之心。

怎样做一个懂得感恩的女孩

感恩是一种生活态度，是一种美德，更是一种大智慧，一个人只有心怀感恩，才会懂得珍惜，懂得尊重，懂得付出。美好的生活需要用一颗感恩的心来创造，每个女孩都应该学会用感恩之心对待世界、对待他人。

那么，怎样让自己拥有感恩之心呢？

首先，你不妨静下心来，先列出一张感恩清单。认真地想一想，在你成长的过程中，有哪些人是值得你感激的，无论是生你养你的父母，还是辛勤教育你的老师，或者是带给你快乐和帮助的同学与朋友，甚至是在你快摔倒时扶了你一把的陌生人，将他们列到清单上，提醒自己感恩从他们那里得到过的一切美好。

其次，感恩需要从现在做起。清晨醒来，对新的一天说一声"你好"；打开房门，对爸爸妈妈说一声"早安"，走出家门，对等你上车的公交司机说一声"谢谢"，踏进教室，对帮你把课桌擦干净的同桌露出感激的微笑。感恩并不需要惊天动地的表现，它体现在生活的细节里，隐藏在你的日常言行中。

最后，扩大你感恩的范围。在有时间、有条件的时候，不妨多参加一些公益活动，去敬老院看望老人，去孤儿院陪伴孩子，去大自然捡拾垃圾，通过这些活动，进一步增强自己的感恩之心，珍惜现在的生活，珍惜身边的人和事，用快乐和感恩去迎接生命中的每一天。

共同的秘密

刘芸的爸爸妈妈离婚了，妈妈带着妹妹头也不回地离开了家，把刘芸丢给了爸爸。夜深人静的时候，刘芸只要想起妈妈，就会难过地躲在被窝里偷偷掉眼泪。随着时间的推移，她渐渐学会不再哭泣，但是心里对妈妈的埋怨与日俱增。

同学们知道了刘芸家的事情，都小心翼翼地不在刘芸面前提到"妈妈"这两个字，希望她能尽快从家庭变故里走出来，但是刘芸还是一天天消沉下去。

这个时候，刘芸的语文老师要回家生宝宝，新来了一位接替她的女老师。刘芸看到这位女老师的第一眼就瞪大了眼睛，因为这位女老师长得太像刘芸妈妈年轻的时候了，这让刘芸对她完全喜欢不起来。

女老师为了尽快熟悉同学们，在讲台上一个一个地点名，点到刘芸的时候，刘芸趴在桌子上懒洋洋地答了一声"到"，完全没有将新来的老师放在眼里。

"这位同学，你是不舒服吗？"新来的女老师放下花名册，关切地走过来问刘芸，刘芸趴在那里不吭声，新老师尴尬地站了一会儿，转身正要离开，却发现在其他人都看不见的角度，刘芸正在悄悄地翻白眼。

女老师愣住了，但是她什么都没说，只是深深地看了刘芸一眼，然后回到讲台上继续点名。

刘芸并不知道新来的老师已经发现了自己异常的态度，在之后的日子里，她表面上还是那个沉默安静的女生，但是背地里，她却像怨恨妈妈一

样讨厌着这位女老师，每次上她的课都忍不住会流露出抵触的情绪。

但奇怪的是，女老师明明发现了刘芸的不对劲，却像是什么都没有发生一样，她依然一视同仁地对待刘芸，甚至有好几次，刘芸交上去的语文作业明显是在应付，她却仍然会非常认真地批改。

有一天，刘芸又在课堂上开小差，她把一张白纸夹在语文课本里，拿着笔在上面画了一个头大身子小的丑女人，又在旁边标注了一行小字——我眼中的语文老师。正画得不亦乐乎的时候，那张纸突然被人抽走了，刘芸吓了一跳，一抬头就看到女老师正拿着那张纸，一言不发地看着她。

"完了！"刘芸偷偷地想，做坏事被当场抓住，她一定会被老师严厉批评。

老师盯着那张画纸看了很久，就在刘芸以为她马上就要生气的时候，老师却突然露出了一个欣慰的笑容："刘芸同学，你的画作很传神，将来可以考虑向美术专业发展一下。"说完，她将那张纸折好放进口袋里，又朝刘芸眨眨眼，在刘芸惊讶的目光中离开了。

第二天，提心吊胆了一整天的刘芸打开刚刚发下来的语文作业本，发现里面夹着一张画纸，画纸的一面是她的恶作剧创作，另一面用细腻的笔触勾勒出了一个女孩的形象，神态安静又美好，正是刘芸自己，而旁边写着——我眼中的刘芸同学。

刘芸瞬间泪流满面，从这天起，她终于收起了自己对老师的迁怒。不仅如此，她好像突然之间对画画有了浓厚的兴趣，甚至通过自己的努力，在高考时考上了国内最好的美术院校。

一直到多年后，刘芸已经成了一名小有名气的画家，当有人问到她当初为什么会选择走上绘画这条道路时，她的目光突然变得悠远，仿佛透过重重的岁月，看到了那张影响她一生的画作。

"这是一个秘密。"她微笑着回答，"一个我和我的高中老师共同的秘密。"

女孩成长加油站：

青春期的女孩细腻敏感，刘芸因为家庭的变故郁郁寡欢，甚至迁怒别人，如果不是遇到了一位充满了宽容和悲悯之心的老师，也许她会在痛苦中继续浪费时光，被怨恨改变性情，度过晦暗的一生。师恩如山，师恩似海，一个好的老师会在关键时刻引领我们走出迷茫，帮助我们重新找到正确的方向。

关爱女孩成长课堂

怎样做一个懂得感恩老师的女孩

老师，一个多么神圣的称呼，有人在诗词里歌颂他们："不计辛勤一砚寒，桃熟流丹，李熟枝残，种花容易树人难。幽谷飞香不一般，诗满人间，画满人间，英才济济笑开颜。"在知识的殿堂里，老师就像一个不知疲倦的领路人，领着一代又一代的学生勇往直前，等到学生们离开了，教室里却只剩下老师孤单的身影。每个学生都应该懂得感谢老师，就像植物感谢大地、鸟儿感谢天空一样。

感恩老师，体现在你对待学习的态度上。对老师最大的尊重，就是上课认真听讲，将老师讲的知识认真记在心里；下课认真复习，将老师布置的作业按时完成；考试全力以赴，成绩是你的勋章，也是老师的荣耀。

感恩老师，体现在你的日常行动中。路上遇见老师问声好，上课老师

提问积极回答，天冷时悄悄帮老师接杯热水，天热时偷偷在讲台放一杯凉茶，平时多向老师请教问题，有心事告诉老师，将老师当成父母，也当成朋友。

感恩老师，体现在你离开后的惦念里。离开学校的你也许光芒万丈，也许平平凡凡，但是不管你变成什么样，记得在教师节给老师打个问候的电话，有时间多回去看望逐渐老去的老师，成功时别忘了老师的功劳，失败时要记起老师的叮嘱，过好自己的人生，就是对老师最好的报答。

一杯热牛奶

一场突如其来的经济危机席卷了整个国家，莎莉的父母因此而失业，两个月后，不堪重负的父亲不告而别，留下莎莉和母亲两个人相依为命。

为了维持母女两人的生活，莎莉的妈妈每天都要外出打零工以换取微薄的收入。但是，这些收入在交完莎莉的学费后已经所剩无几。为了省钱，莎莉只好每天都不吃早饭，饿着肚子去做一份送报纸的兼职，这样刚好可以在上课前赚到买一块最便宜的面包的钱，而那块面包，将会是她的午饭。

一天早上，莎莉按照惯例到一户人家去送报纸，结果还没敲开门，她就感觉到一阵头晕目眩。等到这阵眩晕的感觉终于过去，她面前的门不知道什么时候打开了。

"你没事吧？要不要进来休息一下？"一个大概三十多岁的女人关切

地望着她。

"我没事，谢谢。"莎莉摇摇头，她不能耽搁时间，还有两份报纸要送，她不想上课迟到。

"你的脸色很难看，真的不要紧吗？"那个女人目光里满是担忧。

"没事的。"莎莉勉强笑了笑，她只是太饿了，但是这个理由不能说出来，"请问您能给我一杯水吗？"喝一点水，胃里就不会那么空空荡荡了吧？

女人点点头，转身走进了房间。很快，她就端着一个水杯走出来，水杯里白色的液体散发出诱人的香气。

"抱歉，家里没有开水了，只有一杯热牛奶，希望你不要介意。"女人把杯子递过来。

看着女人脸上和善的微笑，莎莉感动地接受了女人谎言之下暗藏的小小善意。

"谢谢。"莎莉眼里含着泪花，接过牛奶一饮而尽。这一杯热牛奶不仅让莎莉恢复了体力，也让她疲惫不堪的心重新恢复了活力，那杯牛奶就像是一杯"信念"，帮她熬过了生命中最艰难的一段时光。

十年后，莎莉从这个国家最好的医学院毕业，成了一名优秀的医生。一天，她所在的医院突然送来了一位病人。这位病人是从别的医院转来的。她在原来的医院里已经治疗了很久，几乎花光了家里所有的积蓄，但是病症没有丝毫缓解。

莎莉和几位资深的医生一起去给这位病人会诊，在看到这位病人的时候，莎莉的眼睛瞬间睁大了。即使病床上的那名中年女人已经被疾病折磨得消瘦了很多，但是莎莉还是一眼认出，这个人就是当年给了她一杯热牛奶的那个女人。

会诊的结果很不乐观，包括莎莉在内，所有人都对那个女人奇怪的病

症束手无策。从病房里出来，莎莉站在外面沉思了很久。等她回到自己的办公室后，她马上打开电脑，然后拿起电话，一边在网上查询相关的医学资料，一边向自己的老师请教。

凭着决不放弃的精神，几个月后，莎莉终于找到了治愈那种奇怪病症的方法，并且成功地治愈了那位女性。等到女人出院时，她的家人陪着她一起来感谢莎莉。时隔多年，女人已经忘记了当初帮助过的那个小女孩，可是莎莉始终记得自己曾经得到过的温暖。因为知道女人已经为治病花光了积蓄，所以莎莉替她垫付了剩余的治疗费用，并且在出院的账单上写下了这样一句话："治疗费是一杯热牛奶，您已经在十年前付清。"

女孩成长加油站：

每一份爱的付出，都会有相应的回报。因为从陌生人那里得到了爱心和温暖，莎莉重获生活的勇气；同样的，当曾经帮助过自己的人需要帮助时，莎莉也毫不犹豫地提供了自己的帮助。这个世界因为有了爱而更加美丽，人性因为有了爱而熠熠生辉。

关爱女孩成长课堂

怎样做一个有爱心的女孩

莎士比亚曾经说过："爱，可以创造奇迹。"莎莉的故事告诉我们，付出爱就能收获爱。一个女孩，可以没有漂亮的容貌，可以没有动听的声音，却不能没有一颗关爱他人的心。有爱心的女孩懂得知恩图报，有爱心的女孩懂得关爱他人。爱心体现在生活中的方方面面，藏在你的举手投足之间。

爱心不分年龄，不分对象。哪怕你年纪还小，没有能力去给别人提供太大的帮助，也可以将自己的爱心融入日常的行动中。关爱流浪的小猫小狗，打扫楼道的卫生，给路上的乞丐送上一点食物……这些力所能及的小事在给你带来心灵愉悦的同时，也为你的人生播下了爱的种子，总有一天，这些种子会破土而出，开花结果。

爱心是相互的。当你从别人那里收获了善意，就要回报给世界同样的爱心。有人在你快摔倒时扶了你一把，等下次你遇到类似的情况，要做的就是毫不犹豫地伸出双手；有人在你快要对世界失望时鼓励了你，等你重新鼓起生活的勇气时，就要用乐观的心态和一往无前的精神去感染他人。

爱心没有大小之分。不是只有做了惊天动地的好事才叫有爱心，你付出的爱心哪怕只能影响一个人的一瞬间，也一样拥有重要的意义。地震时为灾区捐款是爱心的体现，扶起一个跌倒的小孩也是爱心的体现。爱心有大有小，但是爱并没有差别，谁都无法预料，你此时付出的小小的爱，在未来的某一天，是不是会创造出大大的奇迹。

感谢需要表达

静静是一个特别粗心的女孩，经常丢三落四。这一天放学后，她和几个同学结伴去文具店买东西，结果回到家里，才发现自己的钱包不见了。左思右想，她觉得钱包肯定是忘在文具店里了。于是她顾不上放下书包，直接迈开腿跑回那家文具店，一问，钱包果然在那里。

文具店的老板还记得静静，所以很爽快地把钱包还给了她。静静开心地接过失而复得的钱包，打开数了数，钱一分也没少。再一看外面天色已经晚了，她连谢谢都忘了说，转身就跑走了。

等静静再次回到家里，刚好遇到了来家里做客的表姐。表姐在这座城市的一所大学里读美术系，平时都很忙，这天是在附近写生，顺便来看看静静。

静静见到表姐特别高兴，瞬间就把丢钱包的事情忘掉了，直到妈妈问她刚才为什么突然又跑出去，她才绘声绘色地把惊险的过程叙述了一遍。讲到最后，她突然猛地拍了一下自己的额头："哎呀！我刚才忘了向文具店老板道谢了。"

妈妈听到了静静说的话，认真地看了静静一眼，道："你明天去上学路过那里的时候，一定要记得向老板说声谢谢。"

"不用了吧？"静静被妈妈郑重其事的态度吓了一跳，"说不定明天老板就已经忘了？我再专门跑去道谢好傻啊。"

"话不是这样说。"表姐也在旁边批评静静，"别人帮助了你，说一声谢谢不是应该的吗？"

"我不是故意的，这不是一不小心忘了嘛！"静静强词夺理说了一句，立即转移了话题，"哎呀，我好饿，还要多久才能吃晚饭？"

于是，这件事就在静静的刻意回避下过去了，但是表姐离开时，还是语重心长地告诉她："这虽然是一件小事，但是不向帮助你的人道谢肯定是不好的，如果你不想去，我就替你去转达谢意吧。"

静静一点都没把表姐说的话放在心上，在她看来，拾金不昧不是每个人都应该有的品德吗？而且下次再遇到类似的事情，她一定会记得好好谢谢人家。

但是，对于这件事情，她毕竟有点心虚，所以第二天上学的时候，静静特意绕开了那家文具店。直到一周后，她意外从别的同学那里得知，她们常去的那家文具店的卷帘门上竟然出现了一幅漂亮的风景画，那幅画画得惟妙惟肖，一下子吸引了好多人去围观，连文具店的生意都变好了。

静静听到"风景画"这三个字，心里咯噔一响。中午放学后，她飞快地冲到那家文具店一看，果然，以前那陈旧的卷帘门此时焕然一新，上面画的碧绿的草地和粉色的樱花美不胜收。

文具店的老板远远地看到静静，竟然一下子认出了她，还专门跑过来对她说："同学，你一定要替我谢谢你表姐，她塞进门缝里的信上说，是替你表达归还钱包的谢意，其实不用这么客气的。不过，自从有了你表姐在门上画的画，店里的生意真的好多了，该我谢谢你们姐妹才对。"

听着店老板激动的声音，静静望着不远处的风景画，突然觉得自己没有资格站在这里听老板的感谢。如果没有表姐，她从来都不知道，原来向别人表达谢意是这样一件美好的事情。

女孩成长加油站：

世界上没有理所应当的帮助，别人对你施予的所有善意都应该得到真诚的感谢。一个对别人的善意无动于衷的人，不仅丢失了对别人的尊重，更容易陷自己于孤立无援的深渊。因此，学会表达感谢是每个人都应该具备的素质。做一个能够将"谢谢"大声说出口的人，你会发现人生的道路会因此变得更加顺利，也更加绚烂多姿。

▍关爱女孩成长课堂

女孩怎样学会表达谢意

如果要问这世间什么词语一说出来就能立刻赢得一个人的好感，那么"谢谢"两个字必定位列其中。可是，并不是所有人都能用合适的方式表达谢意。有的人心中有感激，却不知道该如何开口，只好选择沉默；而另外一些人，他们尽其所能地表达了，却只能让对方感到不自在。可见，表达谢意也是需要技巧的。女孩们如果想在表达谢意时带给人如沐春风的感觉，就要做到以下几点：

第一，表达谢意一定要真诚。"谢谢"两个字只有发自内心地说出口，才会有打动人心的力量，相反，虚假的客套只会让人对你留下虚伪的不良印象。因此，当你需要表达谢意时，语气一定要真诚，发自内心，绝对不能随意敷衍，假意应酬。

第二，表达谢意要端正态度。很多时候，别人帮助你并不是为了你的回报，但是对被帮助的人而言，回报却不是"谢谢"两个字就能涵盖的。因此，当你接受了别人的帮助，向别人表达自己的感激之情，可以说：

"这次真是多亏了你，以后有需要我帮忙的地方请尽管开口。"这种明确的态度会让自己的谢意更有分量。

第三，表达谢意要主动付出回报。真正的感激更多的时候体现在行动上。别人帮助了你，你可能一时无法提供同等价值的回报，但是，这份感激要时刻记在心里。当对方需要帮助时，如果在你力所能及的范围内，你应该毫不犹豫地伸出援助之手，帮助对方渡过难关。真诚的谢意和互相帮助不仅能拉近两个人的关系，更能让这个世界多一丝温暖，多一份美好。

有给予才有得到

有一个女孩，她酷爱旅游，只要有时间，她就会背起行囊，再约上三五好友，一起出发去往陌生的地方旅行。几年下来，她走遍了很多名山大川，看过了无数美景，成了一个名副其实的旅游达人。

有一年，她突然心血来潮，想要去一座人迹罕至的山里看一看。得知她的计划后，身边的朋友们全都劝她，那座山很少会有人去，里面可能有很多危险，一不小心就容易迷失方向，到时如果出了意外，可能连救援都来不及。

可是，女孩已经下定了决心，她做好充分准备，义无反顾地出发了。

刚刚进入山里的前两天，女孩的心中充满了喜悦。这座山可真美啊！茂密的森林遮天蔽日，林中的野花迎风怒放，头顶天空湛蓝，白云悠悠，一切都像一幅美好的画卷，而她就是误入画卷中的旅人，尽情地欣赏着大自然的美丽，丝毫不用担心会有人打扰。

可是，随着时间一天天过去，山里的行程渐渐变得单调起来，这里没有人烟，手机也失去了信号，四面八方全是一眼望不到头的山脉，仿佛天地间只剩下她一个人踽踽独行，这种孤单的感觉让她心生惶恐，开始急切地想要走出这里。

糟糕的是，因为过于心急，女孩慌张之中走错了方向，原定只有一周的行程陡然间无限拉长。虽然她准备的食物还算充足，但是水越来越少，如果不能及时得到补充，说不定没等她走出山林，就要因为缺水干渴而死。然而，想要在一座山里找到水源并不容易，任凭女孩怎么努力，都没能发现哪里有泉水流过。两天后，女孩背包里的水已经喝完了，她望着头顶的烈日，步履沉重地向前走着。

又是一天过去，女孩的嗓子已经干得快要冒烟了，她气喘吁吁地爬上一座小山峰，想要站在高处判断一下方向，结果刚刚站稳，就惊喜地发现不远处有一座简陋的木屋，旁边还有一个她小时候在老家见过的抽水器。

"有水了！"女孩大喜之下，先是跑过去拍了半天门，没有人应答，她又跑到那个抽水器旁边，握着抽水器的手柄试了又试，里面却根本没有水流出来。女孩筋疲力尽地放下手柄，决定到木屋里休息一会儿。

木屋里陈设简陋，只有一张床和一张破桌子，看起来应该是守护山林的人偶尔会休息的地方。而在那张桌子上，有一个被灌满的水壶，旁边还有一张字条："亲爱的过客，你一定累坏了，如果需要用水，请将这壶水倒进抽水器，再上下压动手柄，就会有甘甜的泉水涌出来，但是，请一定在离开前把这个水壶灌满放在原处，方便下一个需要的人使用。"

字条上的话让女孩犹豫不决，是直接喝掉这壶水还是按照字条上的方法去做，她迟迟无法做出决定。一个可怕的念头总是会不停地冒出来，如果倒进去之后还是没有水呢？那这壶水不仅浪费了，自己也要失去最后的补充水分的机会。相反，如果她把这壶水灌进自己的水壶，她就有信心走

出这座大山。

几十年后，当她向自己的孙女讲起这段经历时，她问了正在聚精会神听她讲故事的小孙女一个问题："你猜，我最后选了什么？"

"是什么？"小姑娘眨着明亮的大眼睛，好奇地看着她，"因为如果是我，我大概会直接把那壶水喝掉。"

饱经风霜的老人笑了："不，我没有喝掉那壶水，我把它倒进了抽水器里，果然从里面抽出了甘甜的泉水。有了那些泉水，我不仅解决了干渴的困境，还灌满了自己身上所有的水壶。当然，临走前，我没忘记把木屋中的水壶灌满，然后将它放回原地。"

"为什么呢？您不怕把水倒进去之后什么都没有吗？"小姑娘好奇地问老人。

"我当然怕。"老人沧桑的眼睛望着天边，"可是那时候的我想起了我母亲说过的一句话，这个世界上有很多事，只有先给予才会有得到。就像那个抽水器一样，没有那一壶水的引子，哪里会有后来的甘甜呢？"

女孩成长加油站：

在给予和得到之间，也许只有一步之遥，有的人勇敢跨过了，有的人却始终站在起点望洋兴叹。无论是人际关系，还是人生旅程，都需要有一颗给予的心。想要得到别人的爱，就要懂得如何给予爱。一个能够勇敢付出的人，必定是一个精神富足强大的人，这样的人在面对人生的挑战时，所拥有的筹码是其他人无法比拟的。

学会给予 拥有快乐人生

古语有言："将欲取之，必先予之。"这句话表达的意思是，想要得到一样东西，就必须先学会给予。想要拥有美好快乐的人生，就要先学会做一个懂得给予的人。只有没有私心的人，最终才能得到长久的回报。

学会给予，要分清给予与丢弃的区别。一个真正懂得给予的女孩，不是将自己不要的东西给别人，而是敢于将自己认为好的东西给别人，这才是给予的真谛。

学会给予，要分清给予与施舍的区别。给予应该是主动的，是平等的，是快乐的，而不是高高在上的施舍。因此，日常生活中，你应该用充满尊重的态度去对待给予的对象，而不是用高傲的目光去俯视接受给予的人，否则，你的给予就失去了意义。

学会给予，要不分对象、不分形式。给予不分对象，人生在世，每个人都有自己擅长的东西，并非只有强者才能给予弱者，也并非只有富人才能给予穷人。给予不分形式，给予的东西可以是物质，也可以是精神。只要你拥有别人需要的东西，可以为别人提供帮助，你就可以勇敢地给予。给予是一颗饱满的种子，只要你辛勤浇灌，就会孕育出茂盛的森林。

因此，敞开你的心扉，鼓足你的勇气，做一个懂得给予的人吧，让给予的力量为你带来快乐，帮助你拥有更加美好的人生。

人间有爱

有一首歌，很多人都耳熟能详。每当那熟悉的旋律在耳边响起时，人们总是会不自觉地跟着哼唱几句：

"我来自偶然，像一颗尘土，有谁能看出我的脆弱？我来自何方，我情归何处，有谁在下一刻呼唤我？天地虽宽，这条路却难走，我看遍这人间坎坷辛苦。我还有多少爱，我还有多少泪，要苍天知道我不认输。感恩的心，感谢有你，伴我一生，让我有勇气做我自己。感恩的心，感谢命运，花开花落，我依然会珍惜。"

这一首《感恩的心》背后有一个感人的故事。在一个偏僻的乡村，有一对贫穷的夫妻，他们一生无子，靠捡拾废品为生。一天早晨，外面天寒地冻，他们打开门正要出去，结果却看到门口有一只襁褓，襁褓里有一个被冻得奄奄一息的女婴，孩子发青的脸蛋和微弱的哭声让他们的心都揪成了一团，于是他们把女婴抱回了家里。

夫妻两人的生活已经非常艰难了，但是他们又不忍心将女婴再次抛弃，再加上他们一直没有孩子，几经商量，他们还是决定收养这个女婴。

女婴摆脱了被冻死的命运，从此成了这对中年夫妻的女儿，不论严寒酷暑，她都被绑在养父或者养母身上，跟着他们一起出去捡废品。等她到了该上学的年纪，养父养母省吃俭用，把她送进了学校。

多了上学的开销，养父养母更辛苦了，他们没有一技之长，只好靠拼命地捡拾废品或者做一些苦力活赚钱，没过几年，养父就积劳成疾去世了。去世前，他叮嘱养母一定要让女儿考上大学，因为只有这样，才能改

变她的命运。

养父走了之后，女儿和养母相依为命，她聪明懂事，学习成绩非常好，所有人都觉得她一定能考上大学。可是这时候养母也已经老了，靠她一个人的能力根本没办法再让女儿继续读书。于是，养母无奈之下瞒着女儿到医院里去卖血，就这样千辛万苦地供女儿读完了高中，考上了大学。

拿到大学录取通知书的时候，养母欣慰地笑了，女儿看着她憔悴的面容，泪流满脸地抱着她说："妈妈，等我大学毕业了，您就不用这么辛苦了，到时候我来报答您。"

养母笑着说好，用卖血的钱将女儿送去了大学。为了省钱，女孩大学四年都不舍得花钱坐车回家，她把对养母的思念凝聚到信纸里，让它们穿越千山万水，飞到养母身边。而每隔一段时间，女儿也会收到养母写来的信，信里时常会塞着一些钱，靠着这些钱和自己打工的收入，女孩艰难地读完了大学。

可是，当她终于找到了工作，兴奋地回到家里，想要接养母和她一起生活时，推开家门，却只看到了荒芜的院子和破败的屋顶。她在院子里哭喊，在房子里到处寻找，却根本找不到养母的身影。

后来，听到她哭喊声的邻居走了出来，她才知道，原来在她读大学的第二年，她的养母就已经去世了，去世前，她把自己全身还能用的器官全部卖给了医院，凑够了女儿读完大学的钱，还撑着病体写了几十封信，拜托邻居每隔一段时间寄给女儿一次。

得知了真相的女儿来到养父养母的坟地，看着孤零零的坟头痛哭失声，想起养父母对自己一生的恩情，她把心中的话写成了一首歌。一位著名的作曲家听说这个故事后，为这首歌谱写了乐曲，从此几经传唱，成了永不褪色的经典。

女孩成长加油站:

人间有情,人间有爱,真正决定一个人灵魂高度的不是贫富美丑,也不是社会地位,而是一颗金子般的心。贫贱夫妻倾一生之力,将一个和自己没有血缘关系的女婴养大成人,真正应了那句诗:"春蚕到死丝方尽,蜡炬成灰泪始干。"所以,永远不要对这个世界失望,因为在你不知道的角落,有人在用微薄的力量证明着爱的存在。

▍关爱女孩成长课堂

传播正能量,相信世界的美好

随着世界的发展,我们已经进入了一个信息持续爆炸、价值观走向多元化的时代,经常会有人通过网络或者其他渠道传递负面的信息,冲击青少年的思想价值观,导致一部分青年人已经不相信真善美的存在。事实却并非如此,就像乌云遮不住太阳,那些黑暗也遮不住真善美的光芒一样。女孩们应该坚定自己对真善美的认知,学会传播正能量,始终相信世界的美好。

学会传播正能量,首先要做到理性地看待社会的黑暗面。唯物辩证法认为,事物都是具有两面性的,不同的生活环境和生活经历会培养出不同的人,但是相对于普遍存在的真善美来说,坏人坏事只是特定情况的产物。因此,面对那些负面的新闻,你要有清醒的认识,不能让它们摧毁你对美好未来的向往,也不能让它们动摇你对世界美好的看法。

学会传播正能量,其次要做到从自我开始践行。日常生活中,要始终保持一颗积极向上的心,多用自己的微笑和善行去感染他人。同时,当身

边的人传播负能量时，要敢于及时地纠正，不让负能量影响更多的人。

学会传播正能量，最后要做到从小事做起。传播正能量不一定要做轰轰烈烈的大事，生活中的很多小事也能体现正能量。比如，公众场合不大声喧哗，随手捡起别人丢下的垃圾，不去践踏郁郁葱葱的草地，劝阻一个闯红灯过马路的行人，给路边的乞丐买一份热乎乎的食物。这些事情虽小，但也可以对世界产生积极的影响，让这个世界多一份爱心，也多一份美好。

特殊的毕业礼物

初中毕业的前夕，教室里弥漫着既兴奋又难过的气氛。兴奋的是，同学们终于结束了初中三年的学习，即将升入各自理想的高中学习，开始新的旅程；难过的是，班上的五十名同学朝夕相处了三年，却很快就要各奔前程了。

"不如，我们来选一些毕业礼物送给大家，这样即使以后大家不在一起了，还可以通过礼物记得彼此。"有人提议道。

"好啊，好啊！这个主意真不错！"大家纷纷拍手赞成。

"嘘……"突然，有人把食指竖在嘴边，拼命地给大家使眼色，人群突然安静下来，所有人的目光偷偷投向坐在角落里的一个身影上，然后默契地转换了话题。

被大家注视的女生叫玲玲，她看起来很不起眼，头发剪得短短的，身上的衣服也不太合身，好像和这个环境格格不入。

但是，没有人责怪她，因为大家都知道，玲玲的家庭情况很不好，她的父亲因为车祸去世了，母亲也生了病，没办法出去工作，只能靠微薄的社会救助金养活母女两人，连玲玲上学的学费，都是学校特意为她申请的助学金。

从入学的第一天起，班主任老师就趁玲玲不在的时候，告诉了同学们玲玲家里的困难，希望大家不要因此而孤立她。同学们当然不会这样做，他们不仅没有因为玲玲的贫寒而轻视她，反而经常会把自己不需要的一些物品偷偷藏到玲玲的课桌里，冬天的时候，还有同学用自己身高长得太快的借口，把自己的旧衣服送给玲玲穿。

因为担心玲玲会因为毕业礼物的事情产生心理负担，在之后的日子里，没有人再提起这个话题，大家悄悄地准备着毕业礼物，绞尽脑汁地琢磨着到时候用什么理由送给玲玲。

时间过得飞快，很快就到了毕业的时候，考完试的同学们最后一次坐在熟悉的教室里，等待着班主任老师讲完话后就分发毕业礼物。

班主任老师察觉到了同学们的焦急，笑着挥了挥手，准备离开，这个时候，教室里突然响起一道清脆的声音："老师，请等一下。"

在所有人惊讶的目光中，玲玲站了起来。

"请给我一个感谢大家的机会。"她微笑着说，"我知道，今天同学们有个很棒的计划，就是给每一位同学赠送毕业礼物，大家不告诉我，是怕我有心理负担，谢谢大家，可是，我也有礼物想要送给大家。"

这是玲玲第一次当着这么多人的面说话，她的脸红红的，但是声音无比真诚："我要感谢在座的每一个人，你们都曾经在我最困难的时候帮助过我。我妈妈说，人可以贫穷，但不能不懂得感恩，她让我替她向你们转达谢意，我也要对你们说声谢谢，虽然我没有钱，不能送上什么贵重的毕业礼物，但这五十张素描是我的小小心意。"

玲玲眼中含泪，将手中厚厚的一沓素描画分送到每个人手上，最后一

张送给了老师。

大家面前的画纸上，是玲玲用铅笔画下的这三年来她记忆中最深刻的画面，每一个场景的主角，都是接受画像的那位同学。

没有人怀疑，这张薄薄的画纸，将会是他们此生收到的最珍贵也最特别的毕业礼物。

教室里响起了经久不息的掌声，这掌声饱含着感恩的心意，传到了很远很远。

女孩成长加油站：

一个人的境遇无论好坏，都不会让一颗真正懂得感恩的心消失。就像故事中的玲玲一样，即使生活带给她很多不幸，她依然感恩于老师和同学们对她的帮助，并且将自己的心意创作成图画，送给了同学们。玲玲何其有幸，遇到了真心关心和帮助她的同学老师们，同学们也何其有幸，付出的爱心有人珍惜，懂得珍重。感恩的心，让世界变得温暖。

关爱女孩成长课堂

珍惜同窗情，让友谊永存心中

人的成长过程中，学校是重要的一站，而同学是陪伴我们一起成长，和我们一起共享喜怒哀乐的伙伴，虽然同学之间的相处只有短短几年，但是同窗情谊是无比珍贵的。因此，无论你此时处于人生的哪个阶段，都应该珍惜同窗情，做一个懂得感恩同学、善待同学的女孩。

　　珍惜同窗情，首先要做到真诚对待身边的同学。真诚是人们在交流过程中的重要黏合剂，面对每一位同学，都要做到不戴"有色眼镜"去看待，要平等地和同学们相处，既不背后诋毁，也不当面阿谀奉承，心口一致才是真诚的最佳体现。

　　珍惜同窗情，其次要做到互帮互助。能够成为同学是一种缘分，这份缘分应该被珍惜。所以，当其他同学遇到困难时，若是力所能及，你要及时伸出援助之手。善意的帮助能拉近人与人之间的距离，这样当你需要帮助时，也会有同学愿意来帮助你。

　　珍惜同窗情，最后要懂得换位思考。现实生活中，很多女孩都是家中的公主，到了学校和同学相处，总会不知不觉地以自我为中心，这是非常不利于保持同学之间的友谊的。因此，女孩要改变自己的为人处世方式，学会换位思考，努力做到以宽广的胸襟去对待同学和伙伴，不斤斤计较，不小心眼，在同学犯错误时给予对方改正的机会，这样才能收获别人的信任，拥有良好的同学关系。

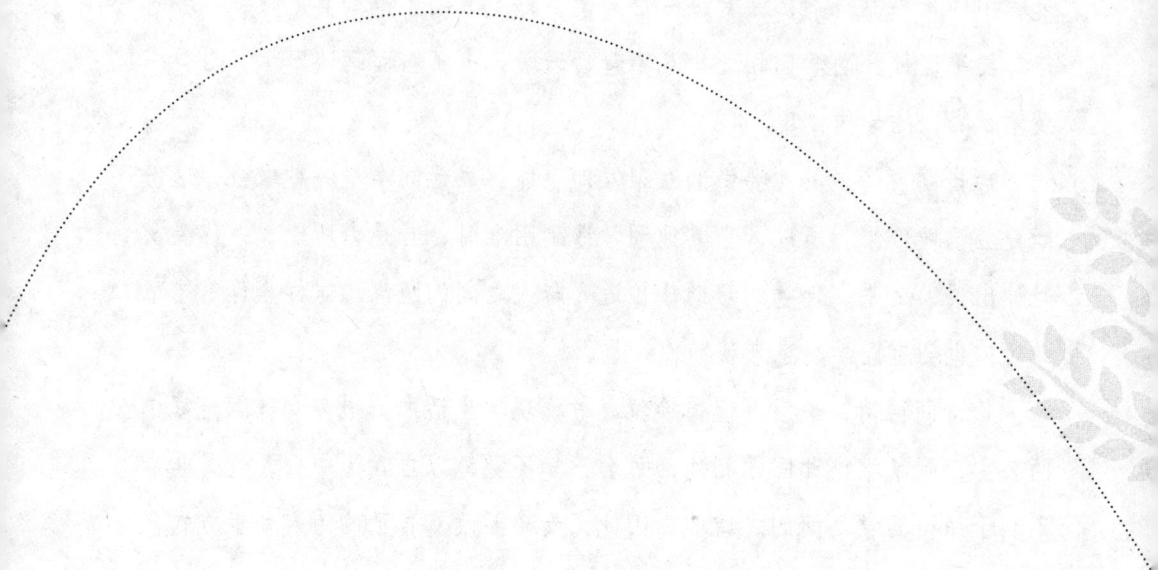

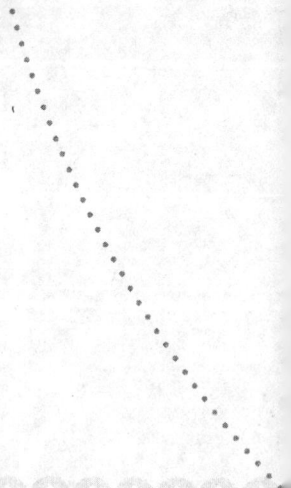

第五章

有上进心的女孩最美丽

保持对世界的好奇心

在世界徒步史的纪录中，有一个女孩的名字——菲奥娜·埃贝尔，她从二十六岁开始，用了两年的时间，步行一万六千公里，途径十四个国家，徒步纵跨非洲大陆，完成了一项很多人都难以想象的壮举。

当有人问她是什么支撑她走完这漫长的路程时，菲奥娜笑着回答："是好奇心，总是待在一个地方是无趣且浪费时间的，我想要探索世界的美妙，即便这个过程中会有很多困难和痛苦。"

菲奥娜之所以会有徒步跨越非洲大陆的勇气，和她小时候的经历分不开。她的父亲是一名海军军官，经常辗转各地执行任务，因此，菲奥娜从小就跟着父亲东迁西徙，先后搬了二十二次家，转了十五次学。

刚开始的时候，菲奥娜也会因为频繁地更换环境感到陌生和不安，她不止一次对着父亲发脾气，埋怨他不能给自己一个安定的生活环境。但是后来她发现自己并不能改变父亲的工作性质，菲奥娜只能开始学着从这个过程中寻找乐趣。

世界之所以奇妙，是因为有无数风景和无数可能，菲奥娜渐渐在这个过程中发现了许多美好有趣的事情，从过去的排斥搬家变成了渴望去到新的环境。

"你永远也不知道你在下一个地方会遇到什么人，当你睁开眼睛，你的世界中的一切都是新的，这实在是让人充满了激情。"她在日记本里这样写道。

等到她长大，能够独立自主地生活，她也没有停下自己的脚步，而是带着对世界的好奇和热爱，开始了自己征服非洲大陆的征程。

但是，这段旅程并不总是充满乐趣的。1991年，菲奥娜历尽千辛万苦，到达了一个名叫扎伊尔（现称刚果民主共和国）的国家。可是这里正在发生动乱，一切陌生的面孔都被当地人视为敌人，他们认为菲奥娜会带走这里的孩子，然后将孩子卖到他们看不见的地方去。

于是，只要是菲奥娜经过的地方，总是有无数人朝她扔石头；当她累了需要休息时，没有任何人愿意为她提供住宿；当她进食的时候，也总会有人跑过来抢走她的食物。即使如此，菲奥娜也没有退缩。后来她回忆起这段经历时，说："面对落在我身上的石头和侮辱，唯一的办法就是保持原来的速度继续前进，不去抱怨，也不消沉。"

凭借着这份顽强的毅力，菲奥娜安全通过了扎伊尔，但是挑战远没有结束，她不幸迷失在一片热带雨林里，遮天蔽日的树木影响了她的视线和判断，她在这里被困了整整七个月才终于艰难地走出来。

她的经历被公开后，很多人都觉得她吃这些苦并不值得，但是菲奥娜不这样认为："没有经历过这些的人，永远不会知道扎伊尔的孩子们有多么渴望和平，也永远不会知道晴天的热带雨林有多么迷人。世界这么大，有那么多未知的事物，如果不趁着年轻时多看一看，难道要等到老了的时候躺在床上遗憾吗？"

后来，因为对菲奥娜的经历的了解，人们对非洲有了新的认识，越来越多的人来到这片神奇的土地，探寻这块生机勃勃的大陆的奇异景色。

女孩成长加油站：

好奇心是世界进步的动力，好奇心是人们快乐的源泉，如果没有好奇

心，生活就像一潭没有波澜的死水。每天按部就班地生活，会让人逐渐失去想象力和创造力。从这个意义上说，好奇心不仅能改变生活，也能激发你的潜能，让你不断成长，最终成为更好的自己。

▌关爱女孩成长课堂

女孩怎样培养自己的好奇心

爱因斯坦曾经说过："我没有特别的才能，只有强烈的好奇心。永远保持好奇心的人是永远进步的人。"好奇心能让人始终保持着对生活的热爱，热切地探索着未知的世界，一个有好奇心的女孩，更容易完成自己的梦想，因为好奇心让她充满了勇气和力量。要想拒绝平庸，拒绝怯懦，就要注重培养自己的好奇心。

培养自己的好奇心，要学会观察生活。对生活的热爱是好奇心生成的基石，女孩们要学会观察生活，发现生活中的美。哪怕是同一片天空，云朵的变化也是不同的，学会从一成不变的生活中挖掘美好的东西，才会因为对美好的向往而生出探索世界的热情。

培养自己的好奇心，要学会创新。去往一个熟悉的地方，尝试着走一走不同的路，或者选取不同的交通方式，去遇见不同的人，看见不同的风景，让自己的眼睛和心灵时刻处于新奇感当中。

培养自己的好奇心，要学会多问为什么。

无论是读一本书，还是看一部电影，抑或倾听他人的谈话，在遇到对自己来说新鲜的名词或者事物时，多问为什么，多去深入探究，这会让你对未知拥有更多的热情和兴趣。

有好奇心的驱使，每个女孩的潜能都是无限的。想要赢得更加精彩的人生，就做一个对世界始终保持好奇心的人吧。

永远的 "红桃A"

在亚新公司，金莎有一个响亮的绰号——"红桃A"。哪怕是上司遇到她，也会笑眯眯地和她打招呼："红桃A，你好啊！"

这个绰号是怎么来的呢？一切还要说到金莎小时候。金莎出生于一个非常普通的家庭，她的父亲母亲都是普通工薪族，一家人的生活平淡而幸福。可是，金莎的爸爸突然失业了，找不到工作的他整天垂头丧气，一见人就抱怨："我的命真不好，那么多人都还有饭碗，偏偏我丢了工作！"

因为爸爸的影响，金莎也渐渐变得悲观起来。每当她遭遇挫折的时候，她都会沮丧地想："也许我天生就是个和幸运无缘的倒霉蛋。"

偶尔，她也会想要改变。有一次，她最好的朋友建议金莎和她一起报一个古筝班，这样两个人可以结伴学习。可是当金莎把这个想法告诉爸爸时，爸爸头也不抬地对她说："别想了，这种有钱人学习的玩意儿根本不适合你。"

等到古筝班报名已经截止，金莎的妈妈才知道这件事。她很生气地批评金莎："你都没有去尝试过，就认为自己做不到吗？不要听你爸的，你

明天就带着报名费去让老师帮你补报。"

"可是如果我学不好怎么办？"金莎担心地问道。

妈妈看着她，认真道："你还没有开始学，就先否定自己，就连这点去学习尝试的勇气都没有吗？"

妈妈的话给了金莎很大的震动，虽然后来老师没有同意她补报课程，但是金莎从这件事情中学会了改变。她渐渐变得不那么悲观，遇到事情开始敢于鼓起勇气尝试了。

真正的改变在金莎大学毕业之后。金莎报名应聘亚新公司的销售员，和她一起等待面试的全都是有工作经验的人，在递交简历时，她看到很多人都在自己的简历上订了一张名片，而她刚刚毕业，根本没有名片。

一张有名片的简历和一张没有名片的简历，显然给人留下的印象是不同的。金莎不想失去这个机会，她翻遍了整个包，只从里面翻找出了一张调皮的弟弟塞进来的扑克牌，那是一张红桃A。红色的桃心似乎在提醒她，要有一颗自信勇敢的心。于是，在秘书快要走到她面前时，她将那张扑克牌订到了自己的简历上，并且在上面写上了一句话。

幸运的是，秘书匆匆而过，根本没有仔细看每个人的简历，所以也没有发现金莎做的事情。

公司负责面试的人看到了那张红桃A的扑克牌，本来以为是有人恶作剧，正要将简历扔到一边时，却刚巧注意到金莎写在上面的话："您好！我没有名片，所以只能将红桃A作为名片，您也许记不住我的名字，但您一定能记住红桃A，因为这是所有扑克牌中的第一张，就像我一样，也希望能有机会成为公司销售业绩的第一名。"

事情的发展出人意料，因为这张红桃A的扑克牌，也因为金莎想要像红桃A一样成为第一名的精神，她幸运地获得了这个工作机会，并且在几年后实现了她的目标，成为亚新公司的销售业绩第一名。

女孩成长加油站：

信心是成功的基石。一个相信自己的人，不管遇到多大的挫折和困难，总能看到充满希望的一面，为自己赢得反败为胜的机会。一个人无论面临怎样的人生，都不能丧失对自己的信心，只有勇敢为自己争取的人，才能抓住一切机会走向成功。

关爱女孩成长课堂

女孩怎样培养自己争做"红桃A"的精神

如果说人生是一个赛场，那么自信的人总是会奔跑在队伍的前列；如果说人生是一座山峰，那么自信的人永远不会停下攀登的脚步。在生命的长河中，想要到达成功的彼岸，女孩们一定要握紧手中的船桨，并将自己的目标牢牢地钉在前方，用争做"红桃A"的精神乘风破浪，做一个掌握自己命运的强者。

争做"红桃A"，要丢掉自卑心理。生活中多说"我能行""我一定会成功"，少说"我肯定做不到""我太倒霉了"。困难如果不去克服，它永远都是横亘在你面前的一座大山，相反，只要你行动起来，总有一天会将它甩在身后。

争做"红桃A"，要勇于尝试。遇到事情不要害怕失败，在机会来临时要冲在前方，有一丝可能的机会都要勇敢抓住，多去尝试。比如你想要学习游泳，有人却告诉你游泳会有溺水的危险，你如果因为害怕溺水而放弃尝试，那就永远只能做一只"旱鸭子"。

争做"红桃A"，要学会为自己创造机会。历史上有很多名人的成功

经历告诉我们，在逆境里，那个敢于主动站到台前的人，往往更容易获得成功。所以，在你认为自己毫无胜算的时候，不妨将自己当成一张"红桃A"勇敢地打出去，你的自信会为你争取到比别人更多的机会，从而也获得了更多成功的可能。

做独一无二的自己

有一个女孩，她从小的梦想就是成为一名模特，然后穿着漂亮的衣服走在T台上，向大家展示她的风采。

但是，知道她梦想的人无一例外地都嘲笑她："你不要白日做梦了，看看那些台上的模特，哪一个不是超过一米七的身高，你一个还不到一米六的'矮冬瓜'，登上T台不是做梦吗？"

"谁说模特就一定是高个子的女孩子？再说了，你们怎么知道我长不到一米七？"女孩不服气地反驳。

后来，女孩渐渐长大了，虽然她每天坚持锻炼，同时拼命给自己补充营养，可是她还是没能长到理想中一米七的身高。实际上，她的身高仅仅只有一米五八，远远达不到一般模特的要求。

"这下你该放弃你那个可笑的梦想了吧？"人们的嘲笑声再一次响起，在她心上泼上一瓢瓢冷水。

"才不呢！"小小的沮丧过后，女孩重新振作起精神，"这个世界上身高在一米七以下的女生有很多，为什么模特不能是一米五八呢？"

为了实现自己的梦想，女孩离开了家乡，来到大城市里寻找机会。她去了专门的模特训练班，但是那里的招生老师看到她的第一眼就摇头："你太矮了，不符合我们的招生标准。"

女孩没有气馁，她又去了服装公司，毛遂自荐给他们当免费模特，帮他们免费拍衣服的宣传图。但是服装公司的艺术总监一看到她就露出了失望的神色："对不起，你的身高并不适合我们设计的衣服。"

到处碰壁的女孩回到住处后，望着镜中的自己，自言自语地说："世界上为什么没有专门给矮个子女孩设计的服装呢？又不是每个人都能长那么高。"

想到这里，她突然觉得眼前豁然开朗。对啊！如果有专门为矮个子女孩设计的服装，她不就是最合适的模特了吗？

说干就干，女孩打开电脑，通过各种方法查询到一位业内有名的服装设计师的邮箱地址，然后给这位设计师写了一封信。信里她写道：

"我是一个身高只有一米五八的女孩子，而我的梦想是成为一名模特。遗憾的是，我去了很多地方，他们都告诉我，我不适合当他们的模特。亲爱的设计师，这个世界之所以美丽，是因为每个人都是独一无二的，高个子的女孩有她们的美丽之处，矮个子的女孩也一样可以有自己无可替代的美丽。因此，可否请您设计一些矮个子的女生穿的美丽衣服呢？如果您愿意采纳我的建议，我很愿意当这些服装的第一个模特，向观众展示您的作品，我想，那将会是一件非常有意义的事。"

发出这封信后，女孩满怀希望地等待着，她相信，只要那位设计师认真考虑她的建议，一定能发现其中的商机和价值。一周后，当女孩开始怀疑自己是不是输错了邮箱地址时，她终于接到了那位设计师助理的电话。

后来，这个名不见经传的女孩如愿以偿地成了一名模特。镁光灯下，在只属于她的T台上，她用娇小的身材向世人展示着属于矮个子女孩的独特魅力。

女孩成长加油站：

正如世界上没有两片完全相同的叶子，世界上也没有两个完全相同的人，每个人的存在对于这个世界而言都是独一无二的。人和人之间没有高下和优劣之分，如果你因为自己的与众不同而感到烦恼，只能说明你缺乏自信。只有敢于挑战错误的规则、勇敢展示自我的人，才能最终战胜偏见，实现自己的价值。

关爱女孩成长课堂

女孩如何学会做独一无二的自己

法国思想家卢梭曾经说过一段很有名的话："我独一无二，我知己知人，我天生与众不同；我敢说我不像世界上的任何人。如果我不比别人好，那么我至少跟别人两样。大自然铸造了我，然后就把模型打碎了。"这段话初读起来似乎有点狂妄，但认真思索，却发现卢梭说的无疑是真理。一个人从降生到世界上的那一刻起，就成了一个独一无二的独立个体。你只有意识到自己存在的价值，才能寻找到属于自己的成功之路。

女孩们是芬芳的花朵，每一朵花都是与众不同的。因此，在生活中，想要保持独一无二的魅力，女孩们首先要做的就是肯定自己。无论是脸上的小雀斑，还是别人眼里不够完美的身材，都是你区别于其他人的特点，将它们当成上天给你打上的记号，你会变得自信很多。

想要提升自己独一无二的魅力，女孩们要有自己的追求。认真的女孩是最美丽的，当你为了自己的梦想而努力时，你就拉开了自己和一般人的差距。有时间的时候多读书，读书是提升气质和魅力的最佳途径。

想要提升自己独一无二的魅力，女孩们要拥有独立的思想。女孩不要屈从于别人既定的思路，不要被一时的挫折打倒，永远知道什么才是合适自己的，并且为了自己的认知坚持奋斗，这才是女孩给自己的最好礼物。

经验不是万能的

罗琳是一个西餐厅的厨师，她最拿手的菜是一道蒜香土豆片，这是从她父亲那里学来的。小时候，她的父亲总是手把手地教她把土豆切成薄片，然后放在特制的蒜香酱汁中浸泡一定时间，再放进烤箱里烘焙，最后从烤箱里拿出来时，就成了香味扑鼻的蒜香土豆片。

"这可是我们家的绝学，你一定要记清楚烹饪的步骤，最重要的是，土豆片的厚度控制在0.1厘米是最好的，这一点绝对不能出错。"父亲一边教她，一边叮嘱她。

"为什么是0.1厘米呢？为什么不能多浸泡一会儿？"罗琳好奇地问父亲。

"不为什么，你爷爷当初就是这样教我的，你记住就好了。"父亲回答道。

后来，罗琳长大了，如同她父亲当初期望的那样，成了一名厨师，她的那道蒜香土豆片成了餐厅里的招牌菜，很多人为此慕名而来。

一个美食家听说了这件事情，千里迢迢来到餐厅，专门点了蒜香土豆片品尝。吃完后，他坐在座位上想了想，然后招来侍者，说他想见一见这道菜的烹饪者。

这些日子，罗琳已经见多了那些想要当面表达对菜品的喜爱的顾客，所以像往常一样在众人的簇拥下走出来，脸上挂着矜持的微笑，准备迎接对方的赞美。

然而，出人意料的是，美食家在见到罗琳后说的第一句话就是："你

的蒜香土豆片做得不错，但是我觉得还不够完美，如果土豆片能再厚一点，浸泡时间能延长一点，烤出来的味道应该会更好。"

罗琳的脸色变了，语气冷淡下来："这位先生，这是我的家传秘方，你没有资格质疑它。"

"是吗？"美食家没有生气，他依然好脾气地坐在那里，"可是家传秘方也不一定就是完美的，你不试一试怎么知道呢？"说完这句话，美食家笑着站起身，没等罗琳反应就离开了。

这一天剩下的时间里，罗琳都有些心不在焉。她总觉得周围的人都在偷偷观察她，特别是在她做蒜香土豆片的时候，厨房里的其他人更是会互相用眼神暗中交流。等好不容易熬到下班回到家里，罗琳呆呆地坐在沙发上，不知不觉中拨通了父亲的电话。

罗琳问父亲，土豆片真的必须是0.1厘米厚吗？父亲斩钉截铁地告诉她，这个厚度绝对不能改变，因为他的父亲，以及他父亲的父亲，他们都是这样做的。挂了电话之后，罗琳又想起了那位美食家的话，家传秘方就一定是完美的吗？

她从沙发上站起来，走进厨房，找出几个土豆，一个按照以往她习惯的0.1厘米的厚度切好，另外一些切成厚薄不等的薄片，然后每种土豆片上都做上标记，将它们按照不同的火候、不同的浸泡时间处理完毕，静静地等待着最终的结果。事实证明，那位美食家的推断是正确的，0.15厘米厚度的土豆片延长2分钟浸泡时间后，烤出来后的口感果然比之前0.1厘米厚度的土豆片要好。

得到这个结果后，罗琳久久无法回神。她第一次意识到，原来这种不经过自己思考和验证就照搬来的经验不一定是正确的，想要找到正确的方法，就只有靠自己去摸索和尝试。

经过这件事情，罗琳对自己曾经学到的所有菜色都进行了创新和改良。一时间，这家西餐厅的菜品质量大幅度地提高了，以往少有人问津的几道菜品也和蒜香土豆片一样，成了人人必点的招牌菜。

多年之后，当罗琳成为厨师界的泰斗级人物，在指导后辈厨艺的时候，她说的第一句话永远是："永远不要迷信前人的经验，自己的探索和实践才是让食物更加美味的秘方。"

女孩成长加油站：

在成长的道路上，每个人都会听到无数其他人的成功经验，身边有很多人都会告诉你，你应该这么做，不能那么做。久而久之，你走着前人走过的路，到达前人曾经到达的高度，却再也无法进步了。究其原因，是你失去了创新的精神，落进了经验的窠臼。人想要进步，就需要质疑，需要创新，需要探索出一条属于自己的道路。

▌关爱女孩成长课堂

女孩怎样培养自己的创新能力

创新是一个社会进步的灵魂，也是一个人成功的必备条件。女孩们想要培养自己创新的能力，就需要从以下几点做起：

第一，不迷信权威。孟子有云："尽信《书》，则不如无《书》。"实践出真知，别人的经验永远都不能代替自己的探索。因此，生活中，想要拥有创新能力，就不能全盘接受别人的经验，而应该懂得鉴别。努力验证，才能真正了解那些经验是不是真的可靠，如果不是，那就需要改进和

提升。

第二，不怕错误和失败。无论是诺贝尔发明炸药，还是爱迪生发明电灯，在成功之前，他们都经历了无数次失败。同样，想要取得和别人不一样的成绩，就不能害怕犯错，也不能害怕失败。即使失败了，也要学会从失败中总结经验，然后继续不断尝试，多实践、多经历才能提升自己的创新能力。

第三，时刻保持危机意识。生于忧患，死于安乐，人处于困境之中，往往更容易激发自己的潜能。居安思危，不要被一时的顺利冲昏头脑，时刻保持警惕之心和忧患意识，不断地锻炼和提高自己，让自己具备应对危机的能力，让创新成为生活的主旋律。

苦难不需言说

在一座人头攒动的大厅中，正在举办一场名流云集的宴会，宴会上都是各行各业的精英，人们偶尔停下脚步，和其他人交流着各自领域的最新消息，或者谈论着近期的社会热点事件，宴会的气氛轻松而惬意。

宴会厅的一角，两个久未见面的好友正在热情地叙旧。她们一个是颇负盛名的化妆品公司总裁梅琳女士，另外一位则是靠做餐饮起家的冯雪女士。她们在十年前一次慈善活动上偶然结识，互相欣赏，很快就成了要好的朋友，但是因为两个人平时都忙于自己的事业，所以能够见面的机会并不多。

此时，她们正在讨论想要共同策划一次资助山区贫困儿童的活动。谈到那些山区孩子们的贫困处境，心肠柔软的冯雪女士忍不住发出感慨："看到他们，我总是会想起当初的自己。"

"你？"梅琳女士很震惊，"你以前的生活也很贫苦吗？"

冯雪女士笑了笑："比起那些山区儿童，我可能要更悲惨一些。"

原来，看起来优雅高贵的冯雪女士竟然是个孤儿，在她刚刚七岁的时候，父母就去世了，比她大五岁的姐姐为了养活姐妹两人，不得已辍学在家，靠着捡拾废品和在饭店里做零工勉勉强强让冯雪读完了小学。等到了冯雪上初中的时候，姐姐更是需要到离家很远的地方去打工赚钱。本来以为两个人的生活会得到一点改善，结果姐姐在工厂里发生了意外，不幸去世了，留下冯雪一人半工半读上完了中学。之后她就不得不辍学了，独自一人在社会上求生存。最艰难的时候，她住过窝棚，吃过垃圾箱里别人扔

掉不要的过期食品。即使是在认识梅琳女士之后，她也曾遭遇过破产的危机，但是好在这些苦难都过去了，一切都变得越来越好。

冯雪女士在讲述这些的时候，一脸风轻云淡，梅琳女士却听得目瞪口呆："为什么我以前从来没听你说过这些？"

"为什么要说呢？"冯雪女士笑着摇摇头，"还在苦难中挣扎的人是没有资格诉苦的，只有在战胜苦难之后，曾经经历过的一切才会成为你的人生财富。在这之前，所有的示弱和倾诉都意味着你在向苦难低头，我不愿意做一个向苦难低头的人。"

"可是，你不说，别人怎么帮你呢？"梅琳女士不明白。

"人生有些苦难，是需要你一个人渡过的。"冯雪女士放下手中的杯子，"你设想一下，一个整天把苦难挂在嘴边的人，怎么可能会有战胜苦难的勇气？人总不能每次都靠别人的帮助来渡过难关，很多时候，别人除了同情和怜悯，什么也给不了你。所以，还不如把所有的力气都用来和命运抗争，只要你不倒下，总有赢的一天。"

冯雪女士的话深深地烙印在了梅琳女士的心里。在此后跌宕起伏的人生岁月里，每当她遇到困难或者遭遇绝境时，冯雪女士的精神都在鼓舞着她，让她战胜了一个又一个困难，成为一个真正的强者。

女孩成长加油站：

很多人都会问苦难是什么。有人说它是人生的财富，有人说它是生命的屈辱，其实究竟是财富还是屈辱，取决于你怎样对待它。你战胜了苦难，它就是你人生的财富；苦难战胜了你，它就是你生命的屈辱。所以，在你战胜它之前，不要去宣扬苦难的存在，也不必去抱怨苦难的到来，将它当成你不得不攻克的难关，勇敢地面对它吧！

关爱女孩成长课堂

把乐观写在脸上，将苦难装在心中

中国近代大文学家鲁迅曾经写过一部短篇小说《祝福》，里面有一个生动的小人物形象——祥林嫂，她的命运悲惨，丈夫早逝，儿子也被狼叼走。见了每个人，她都会将自己的悲惨遭遇重复一遍。刚开始，人们都很同情她，但时间长了，再听到她的倾诉，人们对她的苦难只剩下麻木，而祥林嫂的生活也并没有因为抱怨而变得更好。

现实生活中，人们会将那些总是把苦难挂在嘴边的人称作"祥林嫂"。这类人习惯了抱怨命运，倾倒苦水，却丝毫不懂得努力和抗争，只会对命运的不公逆来顺受。女孩们应该从祥林嫂身上吸取教训，做一个将苦难装在心中，把乐观写在脸上的人。

那么怎样才能做到将苦难装在心中，把乐观写在脸上呢？首先，改变喜欢抱怨的性格。在必须面对的不幸面前，抱怨解决不了任何问题，与其将时间浪费在毫无意义的发泄上，不如利用这点时间冷静下来，寻找问题的解决方法。

其次，多和那些充满正能量的人交往。环境对一个人的影响是巨大的，如果你所处的是一个充斥着牢骚和抱怨的环境，久而久之，你也会对生活充满诸多挑剔。相反，多和那些笑着面对生活的人做朋友，你会从他们身上受到正面的启发，当有一天自己遇到类似的事情时，他们的经历就是你可以参考借鉴的经验。

最后，培养自己独立走出困境的能力。生活中有一些考验，仅仅靠乐

观的心态并不足以战胜它，更需要你付出艰苦的努力。多学会一项能力，在遇到困难时你就多一种战胜困难的方法。所以，永远不要停下学习的脚步，这是你对抗不可预测的困境最强有力的武器。

不安于现状才能成功

乔羽和韩熙是一对好朋友，毕业的时候，她们相约要一起闯出一番事业。毕业后，她们进入了不同的公司，但都是从最基层的岗位做起，如今，十年过去了，乔羽已经成了一家跨国公司的销售总监，而韩熙却成了一名待业者。这究竟是怎么回事呢？

其实，在成为待业者之前，韩熙也有过一段风光的经历，她甚至比乔羽早两年做到了人事总监的职位，但是，因为她的不思进取，最终这个职位被她自己拱手让给了别人。

在成为人事总监之前，韩熙是一个工作非常踏实努力的员工。特别是在刚刚入职的时候，她每天对工作都怀着无与伦比的热情，积极地学习着各种有用的知识，很快就因为出色的工作能力引起了上司的关注，一步步被提拔到了人事主管的位置上。

成为人事主管之后，韩熙进步的速度却慢了下来。她有了偷懒的想法，觉得自己已经付出了这么多，该到了享受的时候了，于是对待工作便没有以前认真了。而这种心态，在她被提拔为人事总监之后，更是到了一发不可收拾的地步。她开始习惯了迟到和早退，时不时再给自己放个假，即使来公司上班，也是躲在办公室里看各种肥皂剧打发时间。

乔羽在得知她的状态后，曾经不止一次地劝说她不要这样做。结果韩熙却说："我在这家公司工作了将近十年，是这个公司的功臣，没有人能否定我对公司的贡献。现在做到人事总监的位置，我已经很满足了，反正我也不打算当老板，为什么还要辛苦工作呢？"

于是，在这种想法的影响下，她对待工作越来越不用心，好几次开会时都因为说不出有价值的意见而引起老板的不满。同时，由于她工作上的不作为，公司里的各项人事制度也越来越混乱，几乎到了影响公司发展的地步。

终于，在情况继续恶化之前，忍无可忍的老板直接做出了解聘韩熙的决定，同时提拔另外一名工作能力强的员工做了人事总监。当韩熙收到解聘通知书的那一刻，她才如梦初醒，可惜已经晚了。

和韩熙不同，乔羽从未停止过努力。她刚刚进入公司的时候，只是一个小小的业务员，每天跟着资历老的前辈们出去拉业务，受尽了别人的白眼，有时候还要被前辈抢走自己的功劳。但是，乔羽并没有因此而灰心。她将自己的每一份付出都当成进步的机会，渐渐地从很多比她资历老的业务员中脱颖而出，一步步成了销售冠军、销售组长、销售主管，直到现在的销售总监。

"我知道自己并不是最优秀的，所以只能靠不断地努力去得到自己想要的东西。"乔羽曾经这样对韩熙说过。事实证明，她的不懈努力获得了丰厚回报。而且，在她的心里，销售总监并不是她的最终目标，她的梦想是有朝一日能成立自己的公司，在这个行业内拥有属于自己的一席之地。

第一个十年已经过去了，乔羽和韩熙走上了不同的命运岔路口，下一个十年，等待她们的将会是迥然不同的未来。

女孩成长加油站:

时间的齿轮在一刻不停地旋转,当你停下前进的脚步时,整个世界并不会和你一起停下。因此,一旦你产生了安于现状的想法,就播下了失败的种子。相反,每一个不安于现状的人都有着强烈的进取心,有着不断超越别人、超越自我的勇气,他们用不懈的努力来实现自己的价值,每一次取得的成绩都只是他们下一个目标的起点。因此,永远都不要安于现状,除非你想和成功失之交臂。

关爱女孩成长课堂

不安于现状,开启卓越人生

有人曾经说过,成功的原因有很多种,最根本的在于打破现状;而失败的原因也有很多种,最关键的在于安于现状。一个躺在被窝里的人,永远不能感受到太阳的温暖。同样,一个安于现状的人,也永远无法品尝到成功的果实。每一个"现状"都在下一瞬间成为历史,想要不被成功抛弃,就必须做一个不安于现状的人。

那么,女孩要怎样做才能不安于现状,开启自己的美好的人生呢?

我们经常可以看到有这样的人存在,他们没有丝毫的进取心,他们对现状不满,却不愿意付诸行动去改变。不仅如此,他们对于那些努力进步、想改变现状的人还会冷嘲热讽,自己做不到,却嫉妒别人的努力。女孩们一定要警惕自己是否有这样的倾向,同时也要远离这样的人,只有这样,才能为自己营造勇于突破、不断进步的良好氛围。

不安于现状的人,不会一遇到困难就退缩。很多时候,困难存在于前行的每一条道路上。你想做到一件事情，但是前面横亘着必须克服的一个个难题，这个时候，如果你因为害怕面对困难而轻易放弃，那么就只能永远蜷缩在当前的糟糕现状里，失去改变的机会。

不安于现状的人，一定拥有旺盛的好奇心和创造力。好奇心是一个人走向新世界的动力，创造力是一个人走向新世界的能力，只有当动力和能力同时具备，才能开创新的世界。因此，生活中，女孩们要对万事万物始终保持一颗好奇心，多做尝试，不怕失败，努力培养自己的创造力。只有这样，当机会来临时，你才能紧紧抓住它，从而改变自己的人生。

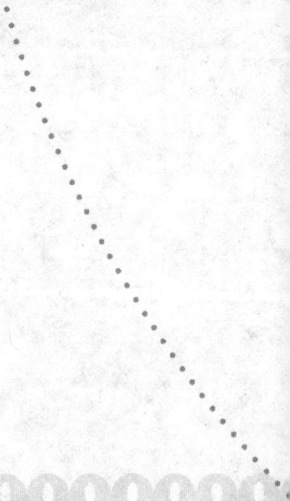

第六章

女孩要懂的沟通法则

真心才能交到真朋友

美美是个很漂亮的小姑娘，她有着一张洋娃娃般可爱的面孔，爸爸妈妈也对她十分疼爱，只要是她想要的东西，爸爸妈妈都会第一时间捧到她的面前，渐渐地，美美就产生了所有人都应该顺从自己的想法。

后来，美美上学了，爸爸妈妈把她送到了城市里最好的学校，老师和同学们一见到她就露出友好的笑容，但是美美没有理睬大家，像一只骄傲的天鹅一样，昂着头从大家的面前走过去，留下微笑着打招呼的同学和老师尴尬地站在原地。

新学年，班级要按照身高排位置，美美被安排到了教室中间的座位上，她很不高兴，她想坐在最前排的中央，因为只有那里才是最引人注意的位置。

可是，当她把自己的要求告诉老师时，老师皱着眉头对她说："不可以，美美，所有的位置都是按照身高排列的，你如果坐在最前面，会挡住其他人的视线。"

"那又怎样？"美美不服气地仰起下巴，"他们看不到也没关系，只要能听到就可以了！"

老师很生气，不肯答应她的要求，美美只好自己找到了坐在前排的同学，趾高气扬地对他们说："我要坐在这里，你们让开！"

大家都惊呆了，没有人让开，美美气得满脸通红地回到座位上，心里暗暗发誓，回家后一定要告诉爸爸妈妈，让他们给自己换个学校。

可是，这里已经是全市最好的学校了，还能换到哪里去呢？美美只好郁闷地继续留在学校里。她想，既然不能坐在最前排，那就交很多的朋友吧，这样她在学校里依然是最特殊的存在。

于是，第二天在学校里，美美走到一个看起来很可爱的女生面前，说："虽然你长得没有我漂亮，但是我可以给你一个做我朋友的机会，只要你听我的话。"

那个女生吓了一跳，然后摇头说："不不不！我不做你的朋友。"

受了打击的美美狠狠地瞪了女生一眼，然后转头对她旁边的男生说："那就由你来做我的朋友吧。"

没想到，那个男生也摇摇头："不，我也不愿意做你的朋友。"

接下来，不管美美想和谁交朋友，都遭到了拒绝，她伤心地趴在座位上痛哭，这时候，有一个小小的声音对她说："如果你不介意的话，我可以做你的朋友啊！"

美美惊喜地抬起头，发现竟然是同桌小秋，她看着小秋身上皱巴巴的廉价衣服，再看看自己身上昂贵的公主裙，不屑地撇了撇嘴："我才不要和你交朋友呢，你穿得好像路边的乞丐一样。"

小秋脸上的笑容一下子消失了，同学们也都向美美投来了谴责的目光，美美害怕地缩了缩脖子，但是很快又挺起了胸膛，她又没有说错。

接下来的日子里，美美发现，再也没有老师和同学愿意对她露出友好的笑容，不管她走到哪里，大家都会远远地走开，她在学校的生活变得越来越不开心，却怎么都想不明白，自己究竟错在哪里呢！

女孩成长加油站：

友谊是平等和真诚的产物，它和一个人的地位、金钱、容貌没有任何

关系，哪怕是一个腰缠万贯的富翁，如果总是用居高临下的态度去对待别人，也无法交到一个朋友。

就像故事里的美美一样，她将自己放在了高高在上的位置上，觉得所有人都应该为她让步，最后不仅没有达到自己的目的，反而让大家因为她的自私而疏远她，但她丝毫没有认识到自己的错误，在面对同桌小秋伸出的友谊之手时，也毫不留情地伤害了她。

我们应该以此为戒，在生活中用一颗真诚的心去对待别人，只有这样，才能得到别人的尊重，交到真心朋友。

关爱女孩成长课堂

女孩怎样才能交到真心的朋友

古往今来，"朋友"都是一个神圣的词语，无数关于友谊的美好故事发生在真诚的朋友之间，那些歌颂友谊的经典诗篇更是数不胜数。但是，现代社会我们经常会听到人们发出这样的感慨："真心朋友难寻。"然而事实真的是这样吗？女孩们要怎样才能交到真心的朋友呢？

想要交到真心朋友，首先要端正交友的态度。什么是朋友？朋友是那些在你需要帮助时毫不犹豫伸出双手的人，是在你孤单时会带给你温暖和感动的人。如果你像故事中的美美一样，只是将朋友当成自己的跟班和衬托自己的工具，那么注定交不到真心的朋友。

想要交到真心朋友，要学会主动付出。只有真心，才能换来真心。要想让别人用真心对待你，你就要先学会用真心去对待别人。平时学会主动关心别人，在别人需要帮助时主动伸出援手，将别人拜托给你的事情当成自己的事情来做，不要计较一时的得失，这都是获得别人好感、交到真心朋友的方法。

想要交到真心朋友，要找准衡量的标准。无论是财富还是地位，无论是成绩还是外表，都不是衡量一个人是否值得相交的标准，关键是人品和性格。所以，平时女孩们要注意观察，学会从细节判断一个人的内在。只有三观契合的朋友，才能经受得住时光的考验，最终收获一生的友谊。

态度比能力更重要

小阳和小舟在同一家公司工作，她们的职位都是助理。只不过，小阳是经理助理，每天处理的都是经理交代的重要事项，而小舟却是部门助理，每天做的事就是端茶倒水和复印文件。

小阳是名牌大学毕业生，学历高、能力强，在经理助理的位置上做得得心应手，得到了公司同事的称赞。而小舟却是普通本科毕业，刚进公司的时候什么都不会，除了认真好学之外，大家几乎找不出她什么优点。

可是，突然有一天，经理宣布了一件事情，他要将小阳和小舟的岗位互换，以后小舟来做经理助理，小阳去做部门助理。

所有人都很吃惊，小阳也很不服气，于是跑去质问经理，问他为什么会做出这种决定。

经理没有直接回答她，而是告诉了她两件事情。

一件事是关于小阳的。一个月前的一天，经理一大早就交代小阳，让她给公司的一个重要客户发一封邮件，小阳答应了。一个小时后，经理问小阳邮件发了没有，小阳回答说发过了，可是经理点开邮箱一看，里面显

示有一封被退回来的邮件。

"你还记得你当时是怎么解释的吗？"经理问小阳。

小阳一头雾水地想了想，终于模模糊糊地想起来一点当时的情形："我好像是说，邮件被退回来，大概是对方的邮箱满了。后来我不是又重发了一次吗？"

"可是第二封邮件又被退了回来。"经理望着她平静地说，"这一次，你还是以同样的理由回答的我，直到我给客户打了电话，才知道你发的邮件地址是错误的。"

"哦，对！"这下小阳完全想起来了，"当时邮件地址错了一个字母，改过来之后邮件就发成功了，我并没有耽误工作呀！"

"是，你没有耽误工作。"经理摇摇头，"可是你也没做好助理的本职工作，第一，邮件地址是你输错的；第二，错了之后自己不仅没发现，还不去想办法解决，最后如果不是我亲自给客户打了电话，说不定会影响到双方的合作，你难道不应该为自己的行为负责任吗？"

听了经理的批评，小阳沉默了好久，想要为自己辩解，最后却不知道该说些什么，只好将话题引到小舟身上："那小舟呢？小舟哪里比我好？她学历没我高，能力没我强，只能做些无关紧要的工作，凭什么能做经理助理？"

见小阳提到小舟，经理笑了，然后告诉了她第二件事，这件事是关于小舟的。

原来，小舟知道自己毕业的学校不好，能得到这个工作机会不容易，因此，即使是一些琐碎的工作，她也非常认真负责，别人交给她的所有的复印资料，她都会默默地一边复印一边学习，在这个过程中，凭借着她的细心，甚至还几次发现了别人没有发现的错误。特别是上周，一个部门经理拿过去的谈判文件里，竟然出现了前后金额不一致的情况，如果不是小舟发现，将会给公司造成不可估量的损失。

"所以，你看。"讲完之后，经理总结说，"小舟也许能力没有你强，学历也没有你高，但是她认真负责的态度正是一个助理所需要的。现在，你还要问我为什么会做出这个决定吗？"

小阳面红耳赤地摇摇头，转身灰溜溜地走出了经理的办公室。

女孩成长加油站：

在成长的道路上，有人认为能力胜于一切，其实不然，很多时候，决定成败的并不是一个人的能力，而是一个人在做一件事时所持的态度。如果是一个像故事中的小阳一样的人，那么即使能力再强，也会因为不负责任的态度导致自己一事无成。相反，命运往往不会辜负那些用认真的态度对待一切的人。能力决定你能跳得多高，而态度却决定你能在这个高度上停留多久。做事需要能力，但更需要一个端正的态度。

▌关爱女孩成长课堂

怎样做一个态度端正的女孩

有人曾经说过："态度决定成败，无论情况好坏，都要抱着积极的态度，莫让沮丧取代热心。生命可以价值极高，也可以一无是处，随你怎么去选择。"一个人有什么样的态度，就会有什么样的人生，你对事情采取什么样的态度，就会有什么样的结果。做一个态度端正的女孩，别让人生的机遇从你身边偷偷溜走。

培养端正的人生态度，要时刻不忘学习。拥有再高的起点，如果静止不动，永远都只能停留在原地。相反，哪怕从山脚出发，只要脚步不停，总能攀上顶峰。要做一个像小舟一样处处留心、不断学习的女孩，而不是像小阳一样因为过去的成绩沾沾自喜，被别人超越了也一无所知。处处留心皆学问，每天一点小进步，成就不一样的自己。

培养端正的人生态度，要从不起眼的小事做起。习惯从细微处培养，古语有云："一屋不扫，何以扫天下。"连小事都做不好的人，更何谈掌控自己的人生。从每天早上醒来的第一件事开始，每件事情都用尽全力做到最好，让自己的态度在潜移默化中得到净化和提升。

培养端正的人生态度，要有坚持的毅力和勇气。好习惯不是一天养成的，同样，好的人生态度也需要恒久的坚持和培养。因此，要有耐得住寂寞的精神，即使努力暂时没有看到成果，也依然要保持一颗不断进取的心，放眼长远的同时也做好当下，用长久的积累迎来最后的蜕变。

神奇的宴会

有一个叫凡青的女孩，她性格内向，总是独来独往，不愿意和别人打交道。同学们对她的印象，就是一张永远板着的脸和一双好像对什么都没有兴趣的眼睛，时间长了，没有人想和她说话，她也变得十分孤独。

大学里的生活多姿多彩，但是对于凡青来说，生活是一成不变的。她每天早上起床离开宿舍，一路上不和任何人打招呼，上完课就钻进图书馆，对着窗外的风景一发呆就是一整天。偶尔她也会羡慕那些手挽手走过窗前的女生，羡慕那些被男生的目光追逐的笑脸，但是每次遇见人的时候，她总是下意识地移开视线，等到人走远了，才会悲哀地想："我果然是个不讨人喜欢的女孩。"

这样的生活一直持续到大三那年，学校里来了一位心理老师。这位老师是一位很和蔼的中年女性，有着母亲一般的亲切，大家都很乐意把自己的心事告诉她，然后从她那里听取解决的办法。

凡青听说了这位老师，她想要改变自己，于是用了整整两个月的时间才鼓足了勇气，在一个夕阳西下的傍晚，来到了这位老师的咨询室。

"欢迎你。"正要收拾东西离开的老师看到脸色有些苍白的凡青，露出了一个和善的微笑，"要喝点什么？"

"不，我不喝东西。"老师若无其事的态度让凡青紧绷的神经松懈下来，她非常努力地扯出了一个微笑，但笑容十分勉强，她低声请求道，"我需要您的帮助。"

老师安静地听完了凡青的苦恼，却并没有提供什么明确的建议，而是

笑着说："是这样，凡青同学，在解决你的问题之前，我有件事想要请你帮忙。"

"我？"凡青很吃惊。

"是的，我需要你的帮助。"老师点头，"明天是我的生日，我将会在家里举办一场盛大的宴会，到时候会来很多客人，但是我的孩子们没在身边，没有人能帮我迎接和招呼那些客人，你愿意来帮忙吗？"

凡青从来没有参加过宴会，也没有招呼过客人，她害怕和人说话，所以下意识地就想拒绝。

老师好像看出了她的犹豫，温和地补充道："其实并没有什么难的，你只需要帮我把客人们领到座位上，如果发现哪位客人面前的杯子空了，帮他们添一些饮料就行。我保证，只要你帮了我这个忙，我一定会帮你解决你的问题。"

听起来好像很简单，凡青想了很久，还是答应了。

第二天傍晚，凡青按时来到了老师的家里，正在忙碌的老师很高兴她能来帮忙，走过来给了她一个大大的拥抱："真好！凡青，谢谢你能来，有了你的帮忙，我想我的生日宴会一定会非常完美的。"

被老师身上快乐的气息感染，凡青僵硬的表情也柔和了许多。这时候刚好有客人到来，老师带着凡青开心地迎上去："欢迎您的到来，凡青，请你帮我照顾好这位秦夫人。"

说完这句话，老师转身迎向了其他客人，留下凡青一个人面对这位姓秦的夫人。

"请您跟我来。"凡青开口，声音甚至都有一丝颤抖。

秦夫人点头向她道谢，并且一边走，一边和凡青聊天。渐渐地，凡青感觉不那么紧张了，到了后来，她已经能够主动微笑着迎接客人，不知不觉融入到了宴会快乐的气氛中。

等到宴会结束的时候，凡青和老师告别，同时也向老师提起了第二天帮助她解决问题的约定，谁知老师听了却哈哈大笑起来："凡青，你自己没注意到吗？现在的你和昨天来找我时的你已经完全不同了，现在的你，已经不需要我的帮助了。"

看着凡青惊讶的模样，老师终于说出了自己的目的："我让你来参加宴会，就是为了让你打开心灵的窗户，看看外面的世界，感受生活的美好。现在你不仅做到了，而且比我想象中做得更好。所以，你看，和人交流其实并不可怕，笑容可以改变一切，不是吗？"

凡青愣住了，终于明白了老师的意思，她深深地弯下腰向老师致谢，等到再抬起头时，脸上的笑容比头顶的灯光还要明亮温暖。

女孩成长加油站：

一个微笑，能拉近两个人的关系；一个微笑，能改变一个人的心情；一个微笑，能开启一段新的人生。凡青是幸运的，她遇到了一个能帮她打开心灵窗户的老师，走出了自己封闭的内心，重新懂得了快乐的意义，发现了生活的美好。只要你勇敢地伸出双手拥抱这个世界，世界永远不会让你失望。

女孩怎样走出封闭的自我

与人交流是每个人的基本需求。可是，现实生活中，有的女孩会像凡青一样，因为性格内向、天生害羞或自卑等原因，害怕和人接触，不敢和人交流。长此以往，便渐渐变得和人群格格不入，觉得自己不讨人喜欢。其实事实并不是这样的，每个女孩都可以让自己变得开朗可爱，只要你敢踏出第一步。

走出封闭的自我，学会和人交流，可以先从微笑开始。你可以不爱说话，但是不要总板着脸，学会时刻带上微笑，让别人感觉到你的善意，这是吸引人交流的前提。

走出封闭的自我，学会和人交流，还要懂得培养自己的信心。性格内向，不敢和人交流，很多时候都是因为不自信引起的。想要改变这种情况，就需要培养自信。你可以选择一项一个人做的运动，比如在跑步或者攀登的过程中，给自己树立一个又一个小目标，然后去完成它，通过成功的不断刺激，来增强对自己的信心。

走出封闭的自我，学会和人交流，同时要学会循序渐进地给自己压力。在培养出和人交流的胆量之前，你可以在独处时找一面镜子，想象镜子里的自己是另外一个人，然后和他交谈，当你能够自如地表达时，不妨刻意寻找一些公开发言的机会，上课举手回答问题，在班会上发表看法，参加一些演讲比赛等，让自己习惯众人的目光，锻炼说话的胆量。

总之，和人交流并不难，难的是下定改变自己的决心，有了决心，一切难题都可以迎刃而解。

不要害怕拒绝

有一个女孩，她对服装设计非常感兴趣，最大的梦想就是成为一个服装设计师。为了实现自己的梦想，她努力学习和设计有关的各种知识，日复一日地沉迷在各种画稿和书籍里。一天，她设计出了一条非常漂亮的裙子，她觉得这条裙子只要制作出来，一定能够风靡整个时尚圈。

于是，女孩带着自己的设计画稿找到了当地最有名的一家服装厂，希望能和他们合作，但是，服装厂的负责人在知道她的来意后，只是随意扫了一眼她的设计稿，就毫不客气地说："对不起，我们有自己的设计师，不接外面的设计稿。"

遭到拒绝的女孩从负责人的办公室里离开，走到半路，想再回去争取一下，结果刚走近办公室，就听见里面传来负责人的嘲笑声："哈哈！我跟你说，刚才竟然有个女人拿着一个不知道是什么的设计稿来找我，还要和我们合作，真是不自量力啊，她以为谁都能做设计吗？这样的人我每个月都要拒绝好几个，真不知道他们哪里来的自信……"

女孩停下脚步，在外面站了一会儿，然后转身离开了。虽然经历了拒绝、打击和嘲笑，但是女孩并没有一蹶不振，也没有否定自己，她依然相信，自己的设计是有价值的，只要有人愿意停下来仔细看一看。

可是，要怎样才能让别人对她的设计感兴趣呢？女孩冥思苦想，终于想到了办法。

原来，女孩早上从电视上看到一条新闻，一个著名的女歌手要来这座城市举办演唱会。在得知这个消息后，女孩先是排了好长时间的队，买了

一张演唱会的门票。然后，她拜托邻居一个擅长裁剪的大嫂，按照她的设计制作出了一条样板裙。因为时间有限，一时间找不到合适的布料，裙子做出来后并不完美，可是女孩已经来不及计较这些，因为演唱会的时间已经到了。

演唱会当天，女孩穿上自己设计的裙子，拿着设计稿，来到了演唱会现场。在女歌手和观众们互动的环节，女孩拼命举手，终于获得了上台给女歌手献花的机会。

众目睽睽之下，女孩手捧着鲜花，一步一步向舞台走去，随着她步步走近，女歌手发现她身上穿着的那件裙子既漂亮又特别，不由得露出了欣赏的目光。

"你的裙子是哪里买的？"在接过鲜花的时候，女歌手忍不住问道。

女孩笑了，她背对着观众，轻轻对女歌手说："这是我自己设计的裙子，设计稿就在花束中，上面有我的联系方式，如果您感兴趣，可以联系我。我觉得，这件裙子如果能穿在您的身上，一定会更漂亮的。"

演唱会结束后，女孩果然接到了女歌手的电话。在女歌手的引荐下，女孩得到了和另外一家知名服装厂合作的机会，而她设计出来的裙子，不仅如愿以偿地被制作出来，而且经过女歌手的试穿宣传，引领了很长时间的时尚潮流。女孩实现自己了从一个被拒绝的失败者到成功设计师的华丽逆袭。

女孩成长加油站：

生活并不是一帆风顺的，在通往成功的道路上，也许会有坎坷，会有拒绝，如果你因为被拒绝而放弃，那么也就失去了成功的可能。面对拒绝，你应该想尽办法去找到原因并解决问题，而不是一味认输。机会是靠自己创造的，只有敢于从被拒绝的困境中突围，用智慧为人生开辟道路的人，才能品尝到胜利的果实。

▋关爱女孩成长课堂

女孩怎样在拒绝面前坚定自信

对于所有人来说，"拒绝"都不会是一个令人愉快的词，因为拒绝就意味着否定，意味着你的成果得不到认同。但是，故事中的女孩并没有被拒绝打倒，而是依靠自己的努力，打了一场漂亮的翻身仗，用行动证明了自己的价值。

生活中，当你遭遇了拒绝，又该怎样正确地面对它呢？

首先，你要认识到拒绝并不是一件坏事。每个人都会遇到被拒绝的情况，被拒绝只是生活的一部分。当你想做一件事情，却被人无视或者拒绝，那么你首先不应该沮丧，不应该自怨自艾，而是认真地思考和判断，是自己哪里做得不够好？还是对方做出了错误的决定？如果是前者，你应该感谢对方给了你一个反思和进步的机会。如果是后者，既然是对方的错误，又何必惩罚自己呢？

其次，被拒绝不是终点，放弃才意味着失败。条条大路通罗马，通往成功的路不止一条，在一个方向碰了壁，不妨换一个方向、换一种思路再试一试。比如你想参加运动会的长跑项目，却被老师拒绝，这个时候一味地据理力争并没有意义，你要做的应该是寻找合适的机会，通过其他途径，向老师证明你长跑的实力，继而获得这个机会。

最后，在拒绝面前要保持自我。在拒绝面前，不假思索地迎合别人是

最愚蠢的方法，这样你不仅会失去尊严，也会失去自我。如果你没办法改变偏见，那么至少要做到不向偏见屈服。

是金子总会发光的，一时的拒绝说明不了什么，只要你能坚守自我，成功早晚有一天会到来。

给对方一个台阶

艾米丽是一个珠宝专柜的店员，虽然还在试用期，但是她很珍惜这份工作。每当有客人到来，她总是会挂着甜美的笑容迎上前去打招呼。事实证明，大家对微笑总是难以拒绝的，所以艾米丽的业绩还算不错，昨天店长已经答应下个月就让她转正。

这一天，艾米丽怀着好心情去上班。在从公交车站走向商场的路上，她听到前面的一对青年男女一直在争执，争执的原因好像是两个人要结婚了，女孩想要一款漂亮的钻石戒指，可是男孩因为囊中羞涩，买不起太好的。等到上班时间，这个小插曲很快就被艾米丽忘在了脑后，她认真地将专柜的玻璃擦得一尘不染，静静地等待着第一拨客人的到来。

但巧合的事发生了，艾米丽接待的第一拨客人竟然是她刚才在公交车站偶遇的那对恋人。他们应该已经在商场里逛了一圈，却仍旧没有找到合心意的戒指，这一点，从女孩不高兴的神情上就可以看出。

"欢迎光临，不知二位需要点什么？"艾米丽漾起甜美的微笑，热情地招呼他们。

"呃……我们想看看戒指。"开口的是那个男青年，他看起来非常拘谨，"要那种性价比比较高的。"

话音刚落，他旁边的女孩就瞪了他一眼。艾米丽假装看不见，依然保持着职业的微笑："好的，二位可以看看这几款。"

艾米丽尽职尽责地将她认为性价比高的戒指摆出来给这对恋人看，但是这些戒指都没能得到女孩的喜欢。

"那个！那个拿出来我看看！"女孩突然指着玻璃柜中的一款戒指大声说道。

艾米丽望过去，目光微微一顿，那是店里最漂亮的一枚戒指，当然，价格也很昂贵。按照她对这对恋人的判断，他们应该负担不起这枚戒指。

但是，这个念头转瞬即逝，艾米丽没有理由拒绝客人的要求，她很快将那枚戒指拿了出来。女孩眼中亮晶晶的目光说明她真的很喜欢这枚戒指，可是在问过戒指的价格后，不等男青年开口，女孩自己就先露出了沮丧的神色。

艾米丽正想再帮他们推荐其他款式的戒指，结果店里的固定电话突然响了，艾米丽抱歉地朝客人笑了笑，转身去接电话。

接完电话后，这对恋人又在这里挑了很久。最后他们什么都没买，直接离开了。艾米丽收拾柜台上的商品时，突然惊讶地发现，那枚最贵的戒指不见了！

一瞬间，她的脑海中飞快地闪过刚才的情形，女孩望着戒指依依不舍的目光，还有男青年囊中羞涩的模样，刚才除了他们，没有别的客人。

艾米丽猛地抬起头，正好看到那对恋人快要走到商场门口的身影，现在只要她喊一声"小偷"，就会有商场保安冲上去帮她拿回戒指。

可是……

艾米丽犹豫了，她相信，那个女孩不是故意的，她只是太喜欢那枚戒指了，如果被当成小偷抓起来，那么戒指虽然追回了，但两个人的婚礼说不定就完了。

电光石火间，艾米丽做了一个决定，她飞快地追上前面的身影，挡在了他们面前。

看到她出现，女孩明显吓了一跳，目光中闪现出戒备的神色。

"女士！"艾米丽笑了笑，"这是我的第一份工作，我很喜欢它，一直在尽力做好，如果失去了这份工作，我的生活会受到很大的影响，您能祝福一下我吗？"

她望着女孩，等着她的反应，女孩沉默了很久，脸上闪过懊悔和愧疚交织的神色，最后终于伸出手说："我祝福你！"

艾米丽握上去，女孩又伸出另一只手将戒指塞进了艾米丽的掌心。艾米丽如释重负地笑了："谢谢你。"

"该我谢谢你才对！"女孩抽回手，给了艾米丽一个大大的拥抱。

女孩成长加油站：

宽容是一种品德，是一种气质，是一个人在面对别人的错误时豁达的胸怀。但是，宽容并不是姑息错误和软弱，而是一种坚强和勇敢，是对世界释放出的最大善意。莎士比亚曾经说过："宽容就像天上的细雨滋润着大地。它赐福于宽容的人，也赐福于被宽容的人。"当你学会了宽容，你的心灵将得到升华，你的人生也将因此受益。

关爱女孩成长课堂

宽容让世界更美好

世界很大，每天都在发生着无数事情，世界也很小，一个错误就可能颠覆一个人的人生。在宽容和计较之间，不同的选择带来的是不同的结果，就像故事中的艾米丽，最终用宽容和智慧化解了一场危机。在我们的生活中，宽容无处不在。

宽容的人有一颗慈悲的心。古语有云："人非圣贤，孰能无过。过而能改，善莫大焉。"这句话的意思是，每个人都会有犯错的可能，犯了错如果能够及时改正，没有比这更好的了。当别人犯了错，一味地指责并不能解决问题，要多从对方的角度考虑。说不定对方只是一时冲动，此时也正在内疚当中，这个时候，宽容不仅是给对方改正的机会，更是处理危机的绝佳方法。

宽容的人有一双能从他人角度看问题的眼睛。遇到事情，要学会多方面、多角度地看待问题。一个人的主观判断不一定是正确的。当彼此发生矛盾或者分歧的时候，不如先让自己冷静下来，弄清楚事情的前因后果。比如你在路上被迎面而来的人撞到，愤怒可能会让你选择大吵一架，让两个陌生人因为一件小事就发生口角，而宽容会让你冷静下来倾听对方的解释，也许他是因为家中有事才会慌慌张张，弄明白了这一点，也许你就不会那么生气了。

宽容的人有一张微笑的脸。生活中，点滴小事都可能会产生摩擦，当别人不小心踩到你，你应该摆摆手，说一声没关系；当别人无意中弄坏了你的东西，向你道歉赔偿时，你应该宽容地一笑，让对方不要过于内疚。

假如每个人都明白宽容的意义，生活就会变得更加美好。

用真诚化解难题

在一座远近闻名的酒店里，入住了一位非常挑剔的客人，他似乎对一切都不满意。一会儿声称卫生间的镜子上有污渍，一会儿抱怨床上的枕头不够柔软，一会儿又嫌弃房间里配备的拖鞋外表太难看。几次过后，客房部的工作人员全部怨声载道，没有人愿意再去为他提供服务。

可是，就在这时，客房部的电话又响了，上面显示的号码正是这位客人所在房间的号码。一时间，大家面面相觑，都不敢接听这通电话。

"我来吧！"过了好半天，终于有人站出来，伸手去接电话。

"你们怎么回事？接电话为什么这么慢？我要投诉！"电话接通的一瞬间，听筒里响起震耳欲聋的咆哮声，隔着线路都能想象到客人几乎要喷火的那张脸。

所有人同情地望着接电话的那个倒霉鬼，那是一个看起来纤细柔弱的女孩，她叫莹莹，刚刚入职不到一个月。按照惯例，还在试用期的她没有单独处理棘手事务的能力，也正是因为如此，她也是客房部唯一一个没有直面过这位挑剔客人的幸存者。

但是现在，这份难得的幸运被莹莹自己放弃了。不过，出乎人意料的是，莹莹并没有像大家想象中那样吓得瑟瑟发抖，也没有一脸委屈地转身向资深的员工求助，她只是平静地听完客人的咆哮，然后冷静地问客人有什么需要。

那位挑剔的客人也许是吼累了，竟然没有再继续刁难，丢下一句："我给你一分钟时间，送上来一杯手工研磨的热咖啡！"然后就挂断了电

话。客房部在三楼，客人住在十七楼，加上出门等待电梯的时间，送上一杯速溶咖啡的话一分钟勉强够，但是客人要的是手工研磨的热咖啡，所以等莹莹准备好咖啡按响客人房间的门铃时，时间已经过去了十分钟。

果然，门一打开，客人就对莹莹一顿劈头盖脸的训斥："你们这是什么服务态度？我让你一分钟把咖啡送上来，现在过去多长时间了？"

"对不起。"莹莹想要解释，"因为您要的是手工研磨的热咖啡，所以需要一点儿准备时间……"

"不要给我找借口！"客人粗暴地打断了莹莹没说完的话，"叫你们经理来！我要投诉你！"

试用期被投诉，莹莹一定会丢掉这份工作，这并不是莹莹希望看到的，但是她更不能对客人提出的要求无动于衷，只好请求客人再给她一次机会。

在她的请求下，客人勉为其难地端起咖啡喝了一口，然后皱紧了眉头："咖啡不是我想要的温度，给我换成红茶来。"

接下来的半个小时里，客人就像是故意要和莹莹作对，他不停地提出各种奇奇怪怪的要求，换成别人早就忍无可忍了，但是莹莹始终保持着微笑，毫无怨言地为客人提供服务。

终于，半个小时后，客人仿佛也折腾累了，他对着又一次站在他面前，依然微笑相对的莹莹粗声粗气地问道："我这么刁难你，你为什么不发怒？"

"因为您是客人。"莹莹抬起头真诚地说，"我的本职工作就是为客人提供满意的服务，如果您不满意，那是我的责任。而且，谁都不容易，您说不定也是遇到了什么困难，我虽然帮不了您，但是一些力所能及的事情，我还是愿意去做的。"

听完莹莹的话，客人很久都没有说话，最后摆摆手，直接让莹莹离开了房间。

奇怪的是，从这一天开始，整个客房部都没再接到过那位客人的电话，直到客人离开后，在房间的留言簿上，大家看到了客人留下的这么一段话：

"我是一个失败的人，虽然事业有成，却和家人关系紧张。上周，我的大女儿因为意外匆匆离世，我连她的葬礼都没能参加就匆匆赶到这个城市谈生意。我的心里充满了痛苦，看一切都不顺眼，给你们造成了很多麻烦。可是，有一个像天使一样的姑娘，她在所有人对我避之唯恐不及的时候，用始终未曾改变的笑容为我提供服务，不管我怎么刁难都毫无怨言。和她相比，我做的一切是多么无礼，我向所有被我刁难过的人深深道歉，也向那个救我于痛苦之中的姑娘表示诚挚的谢意。"

女孩成长加油站：

在人际交往的过程中，真诚是一缕清风，能吹散别人笼罩在心头的阴霾；真诚是一场春雨，能滋润别人即将干涸的心田。拥有了真诚，就拥有了一笔可贵的财富。当你给深陷于痛苦的人一声真诚的问候，他会体会到温暖的美好；当你给走投无路的人一个真诚的微笑，他会重新燃起生活的希望。真诚无价，拥有了真诚，就拥有了坦荡的人生。

用真诚改变你我

什么是真诚？庄子说："真者，精诚之至也，不精不诚，不能动人。"拉罗什富科说："真诚是一种心灵的开放。"故事中莹莹的经历告诉我们，精诚所至，金石为开。真诚是打开人们心灵的神奇钥匙，只要用心，每个女孩都能成为一个真诚的人。

真诚的人懂得"己所不欲，勿施于人"的道理。真诚待人的前提是学会换位思考，理解别人。在和别人交往时，多体谅对方的难处，多用心了解对方的需要，设身处地为别人着想，不要因为一件小事就轻易地否定他人，给别人一个机会，就是给自己一个机会。

真诚的人懂得真心体贴、关心别人。每个人都有遇到难题的时候，如果你能多一点耐心，少一些苛责，不仅能帮助别人渡过难关，更能收获一份珍贵的情谊。生活中，哪怕是小到在地铁站里为着急的人悄悄让路的行为，都会在生命的履历上留下真诚的光辉。

真诚的人懂得信任和尊重别人。人与人之间缺乏信任是当今社会的共性问题，想要从根本上解决这一问题，就要求每个人都对他人多付出一些信任和尊重。也许只是给予陌生人的一个小小帮助，也许是一句真诚的话语，而这些点滴都能为真诚之花提供滋养。

学会和异性相处

阳阳小的时候，爸爸妈妈工作繁忙，她是跟着奶奶一起长大的。她刚到奶奶家时，总是会被附近的几个小男生欺负，奶奶知道后就不让她和那些男孩玩耍，还叮嘱她说："男女授受不亲，和男孩一起厮混的都不是好女孩。"

渐渐地，在阳阳的心里，男生变成了像洪水猛兽一样的存在，等到上学了，她连话都很少和男生说，更别提和他们交朋友了。

后来，阳阳上了中学，因为良好的形象和出色的英语口语，她被选为全年级英语晚会的主持人。可还没等她高兴，就被告知除了她之外，还有一个男生是她的主持搭档。

这个消息对于阳阳来说，无异于晴天霹雳。她吓得赶紧找到老师，强烈要求不再当这个主持人，可当老师得知她不想当主持人的原因后，没有同意阳阳的请求。

"阳阳，你要改变自己的错误观念，不管是男生还是女生，你们都是同学，同学之间互相帮助，互相合作，是一件很正常的事情。"

阳阳无法说服老师，只好不情不愿地接下了主持人的任务。按照晚会的安排，两个主持人要同时出场，共同主持节目。因此，阳阳不得不和那个男生一起排练。

那个男生叫程昊，是一个阳光男孩，活泼开朗，在同学们中人缘很好。第一次到达排练场地时，程昊热情地和阳阳打招呼，结果阳阳却视而不见。排练开始了，阳阳一板一眼地念着台词，和程昊没有任何互动，脸

上也没有一丝表情。

可想而知，这样的排练效果完全无法达到老师的要求，台下的老师看着台上动作僵硬的阳阳，慢慢皱紧了眉头。

排练结束后，老师把两个主持人叫到办公室里，严厉地指出了阳阳的问题，而一头雾水的程昊也终于明白了阳阳不对劲的原因。

"老师。"就在阳阳被批评得头都无法抬起的时候，旁边突然响起了程昊的声音，"今天的排练不只是她一个人的问题，我也有责任。您放心，我会帮她一起克服困难的。"

阳阳没想到程昊竟然会帮她，她震惊地转过头去，正好看到程昊友善的目光。

在接下来的日子里，程昊果然说到做到，每天不管功课多么繁重，都会抽出时间来找阳阳排练。为了尽快消除阳阳对男生的恐惧心理，他甚至费心地组织了一场两个班级的联谊活动，想方设法让阳阳和男生们一起做游戏，并且提前告知男生们一定要注意阳阳的情绪，不要引起她的反感。

在程昊的帮助下，阳阳渐渐觉得男生也没有想象中那么可怕了，阳阳渐渐放松下来。再加上每次排练程昊都表现得非常专业，也非常优秀，他们配合得越来越默契。

等到英语晚会正式举办的那天，阳阳已经和程昊成了绝佳的搭档，他们在舞台上妙语连珠，为同学们献上了一场完美的晚会。而更令人惊喜的是，经历了这一场晚会，阳阳终于找到了和男生相处的勇气，变得更开朗自信了。

女孩成长加油站:

青春是一首歌,有高音也有低音;青春是一条河,有激流也有静水;青春是一幅画,有深沉也有鲜艳。青春期的友谊纯美如花朵,不应该遭受到任何亵渎。一首完美的青春之歌,应该是由男生和女生共同奏成,这才是青春最美的样子。

关爱女孩成长课堂

青春期女孩怎样学会和异性相处

友谊的范围很广,有同性之间的友谊,也有异性之间的友谊。男生和女生之间的交往不是洪水猛兽,只要把握好合适的度,异性间的友谊也能成为激励和鼓舞人前进的力量。良好的人际关系,从来都不是只存在于同性之间,学会和异性交往,也是青春期的女孩们很重要的一课。

青春期女孩学会和异性相处,首先要做到交往适度。过分的疏远和过分的亲密都是不合适的。青春期女孩在面对异性的时候,无论是言语表情,还是行为举止,都应该是自然而亲切的,既不在男生面前刻意表现自己,也不刻意拉开距离,这才是适度的标准。

青春期女孩学会和异性相处,还要摆正自己的心态。青春期的男生女生有了更清晰的性别概念,因此要更加注意交往的场所和方式,不做一些会引起人误会的行为,不去一些会引起人误会的地方,心无杂念,才能收获纯净的友谊。

青春期女孩学会和异性相处,最重要的是弄清楚友情和爱情的区别。青春期的女生开始对爱情产生向往,很容易在和异性交往的过程中将好感

误当成爱情。事实上，很多时候青春期女孩对男生的好感只是一种好奇心，就像对自己感兴趣的事物拥有的好奇心一样，随着时间的推移，这种好感会逐渐消逝。因此，一定要弄清楚两者的区别，千万不要做出不理智的行为。

第七章

有好习惯才拥有好命运

善于总结，勇于认识自我

和大多数父母一样，王晓晨的母亲也对女儿的未来抱有很大的期望。每次考完试，妈妈一定会追着晓晨问她和其他同学的考试分数和排名，并且还会加以比较。

每次考完试，王晓晨最怕的就是被妈妈问这些问题。她无法理解为什么母亲这么关注排名，而且还非得拿她和班上的其他同学比较。所以，当期中考试的成绩出来，妈妈再一次拿着卷子询问她的时候，王晓晨彻底生气了，她一把抢回卷子，冲回了自己的房间。

面对女儿如此愤怒的反应，妈妈并没有马上去和她讲道理或是解释什么，而是默默地走进了书房。

到了吃晚餐的时候，妈妈轻轻敲了敲晓晨房间的门，叫晓晨出来吃晚餐。可能是意识到自己不应该对妈妈发脾气，几番纠结之后，王晓晨还是把门打开了。

妈妈温柔地拉过王晓晨，抱住她："乖女儿，以后妈妈不问你关于考试的那些问题了，但是你答应妈妈一件事，以后每次考完试，你都认真地填好这张表格，好吗？"妈妈一边说着，一边把一张表递给了晓晨。

王晓晨接过妈妈递过来的表格，只见表格上方写到"王晓晨的考试自我总结"，表格里面有很多项目，包括考试分数、单科排名、总分排名、粗心丢分、知识点没掌握丢分等信息。

妈妈继续对晓晨说道："孩子，妈妈不认为你比别人笨，恰恰相反，我觉得我家晓晨是个聪明的孩子，只是在学习上不太善于总结和反思而已。妈妈每次问你关于考试的事情，也只是想帮助你对这次的考试做个梳理总结，知道自己的优劣势在哪儿，这样下次就能取得更好的成绩了。"

听完妈妈的话，王晓晨终于明白了妈妈的一片良苦用心。吃完晚饭后，她就回房间把表格填好了，而且还请妈妈和她一起把试卷完完整整地重新分析了一遍。

自此以后，王晓晨每次考完试，第一件事就是把妈妈给的那张表格拿出来填好，看看自己这次考试和上一次相比，哪些地方有了进步，哪些地方还需要提升和改进。经过一次次的总结和分析，王晓晨对自己学习上的优势和劣势了解得更清楚了，在平时的学习中也更加有针对性。慢慢地，王晓晨的成绩也从原来的中等排名变成名列前茅了。

无论是生活中的大事还是小事，无论是成功还是失败，只有善于总结经验，更好地认识自我，才能为下一次的扬帆起航提供更强的动力。

女孩成长加油站：

人的一生是自我认知、自我发展的过程，对自我清醒的认识和判断，不仅能够及时发现自己的优缺点，同时也能够明确下一步努力的方向，少走弯路，少犯错误，在不断总结和反思中提高自己。故事中王晓晨的经历告诉我们，外在的鞭策容易引发人的逆反心理，只有帮助自己取得内在的认知，才能更好地推动一个人进步，而一个善于总结、勇于认识自我的人，必将拥有不一样的未来。

怎样学会总结和认识自我

西方有句名言："无知的人并不是没有学问的人，而是不明了自己的人。"学会总结和认识自我，不仅反映了一种踏实认真的态度，更是一项非常珍贵的本领。无论是学习还是生活中，失败都不可怕，可怕的是不去总结和改进。因此，女孩如果想要学会总结和认识自我，可以从以下几个方面着手。

第一，要学会接受自己。俗话说："金无足赤，人无完人。"每个人都有自己擅长的领域，也有自己不擅长的地方，只有对自己的优点和缺点有清醒的认识，学会接受不完美的自己，才不会因为对自己的错误认知而率先沮丧。

第二，要培养良好的习惯。学业虽然繁重，但也要适时停下来进行阶段性的总结和反思，这样可以让接下来的路走得更好、更远。因此，每个女孩都应该培养自己定期总结的习惯，可以当天小结，也可以安排一周或是一月，找准时间节点。并且最好在安静的空间里，在纸上认真列下这段时间的得失，总结经验，吸取教训，在这个过程中不断地完善提升自我。

第三，要善于分析和学习他人的长处。三人行，必有我师。他人是你前行道路上的一面镜子，他们的成功经验和失败教训是你学习的宝藏。因此，学会观察他人，分析对方的得失，对照自己取长补短，也是提高自我认识的重要途径。

和坏习惯说拜拜

娜恩和娜朵是一对漂亮的双胞胎姐妹花，但是两个人的性格和平时的生活习惯都完全不一样。娜恩是姐姐，比娜朵早出生两分钟，从小就乖巧懂事，做事情也井井有条。她在学习上非常刻苦，每天晚上完成作业后还提前学习高年级课本的知识。生活上，她每天都按时起床和休息，也经常帮助经营农场的父母做一些家务活儿。如果有多余的时间，她还会去学习自己喜欢的绘画。父母为懂事乖巧的娜恩请了绘画老师，娜恩非常珍惜学习的机会，不仅听课十分认真，还经常主动向老师请教。

双胞胎妹妹娜朵的个性跟娜恩完全不同。她非常活泼好动，但生活中十分懒散。她是一名"起床困难户"，每天都要姐姐喊四五次，甚至掀开被子才肯起床。学习上怕吃苦，玩心很重，经常逃课和她的一些朋友出去玩。生活中，她是需要父母、姐姐照顾和宠爱的宝贝，衣来伸手，饭来张口。她也有很多兴趣爱好，喜欢唱歌，喜欢画画，喜欢溜冰，喜欢游泳……可每种兴趣娜朵都只有三分钟的热度，父母为她请的老师前前后后换了好几个，却没有一个能让娜朵坚持下来，所以她兴趣虽多却什么都没有学好。

父母和娜恩都意识到不能让娜朵再这样下去了，这会影响她的前途。父亲曾经对娜朵说："娜朵，你看姐姐娜恩，她那么努力，大家都喜欢她，你难道不羡慕吗？"但是娜朵调皮地回答："我可一点儿都不羡慕姐姐！姐姐受到认可是应该的，但是我没办法像姐姐那样刻苦学习。我也没觉得自己现在有什么不好！生活就应该及时享受快乐！"

"但是你要好好考虑你的未来啊！娜朵！"娜恩也担心地告诫妹妹。可娜朵根本听不进别人的意见，她觉得父母和姐姐都太循规蹈矩，过的生活一点意思都没有，还说："如果未来生活要像你现在这样无聊和单调，我宁愿不要。"

然而十年后的娜朵对自己曾经漫不经心的话感到十分后悔。姐姐娜恩顺利考上了名牌大学，并且找到了一份薪水优渥的工作，还有数名精英男士在追求她。娜恩曾经的努力换来了人人称羡、光鲜亮丽的人生。而娜朵却没有过上她想要的那种自由快乐的生活。她高中肄业，并且早早就跟一个品行不端的男人结了婚，不到一年又因为感情破裂而离婚，成为一名单身母亲。因为没有高学历和专业的技能，娜朵只能找一些薪水十分低廉的兼职工作养活自己，还时常需要父母的接济。娜朵不止一次后悔过："如果我当初改掉那些让我消磨了意志的坏习惯就好了！"

女孩成长加油站：

娜恩和娜朵是两姐妹，成长环境一样，起点一样，甚至外在条件都一样，但她们不同的个性和习惯造就了两种不同的人生。娜恩的勤学上进让她拥有了光明灿烂的未来，而娜朵的好逸恶劳让她尝到了人生的苦果。好习惯是每个人一生的良师益友，而坏习惯是引人堕落的邪恶之果。我们要学会与好习惯为伍，跟坏习惯说拜拜。

关爱女孩成长课堂

怎样做一个自律的女孩

在每个人成长的过程中，都会遇到很多诱惑，懂得自律的人能抵抗住那些诱惑，沿着自己规划好的道路坚定地走下去，而不懂得自律的人却放任自己沉溺于诱惑当中，最终一事无成，悔之晚矣。因此，女孩应该从小培养自己的自律性，做一个能够自知、自省、自控的人。

自律才能自由。要拥有自律的品质，女孩首先要明白自己想成为一个怎样的人，过怎样的人生。对自我的清醒认识，对未来的认真规划，有助于女孩明确人生的目标，而拥有清晰目标的人，就不会偏离前进的方向，不会被一时的快乐冲昏头脑。

目标确立了，接下来就是提高自己的执行力。自律不能停留在口号上，一个真正自律的人，一定是一个敢于将所思所想迅速转化为行动的人。人生最难的事就是开始，其次就是坚持。就像故事中的娜朵，她做事情从来只有三分钟热度，有开始却没有坚持。相反，娜恩却将学习的行动一以贯之地坚持到了最后，两个人执行力上的巨大差异，决定了她们不同的人生轨迹。

最后，自律要从细节做起。自律的本质是自我管理，俗话说，细节决定成败，在小事上的自律更能体现一个人的毅力。无论是清晨早起十分钟，还是坚持学习一项技能，这些细节看起来微不足道，却是自律人格的体现。一个能在细节上自律的人，必将在成功的道路上走得更远。

谦虚使人进步

诗蓝是一个话剧演员，她相貌出众，而且很有表演天分，在学校时就是表演专业的高才生，毕业后顺利进入了当地一家非常有名的大剧院工作，并且担当起剧院里各类剧目的女主角。凭着美丽的外表和精湛的演技，她很快受到了观众的欢迎和喜爱。

有了名气之后，诗蓝走到哪里都会收到别人羡慕的目光，在剧院里更是享受着众星捧月的待遇。渐渐地，诗蓝的心态变了。她不再像刚刚进入剧院时那么诚惶诚恐，也不再认真研究表演艺术，而是每天沉浸在观众的吹捧和自我陶醉里不可自拔。

刚好，这个时候剧院要排练一出新的话剧，诗蓝毫无悬念成了新话剧的女主角。同时，为了剧情需要，剧院还请来了一位中年女演员饰演女主角的母亲。这位饰演母亲的女演员已经年过半百，没有了年轻时的美貌，而且她已经告别舞台多年，早就失去了对观众的号召力，因此诗蓝完全没有把她看在眼里。

第一天排练，诗蓝自认为是女主角，所以磨蹭到比规定时间晚了一个小时才来。来了之后不仅没有丝毫歉意，反倒指使着工作人员一会儿给她倒水，一会儿给她搬凳子，俨然像是一个大牌明星。等到了拍她的戏份时，诗蓝更是趾高气扬，表演的时候完全不听导演的要求，只按照自己的感觉来。

一场排练下来，整个团队都敢怒不敢言，诗蓝就像是没看到大家的不满一样，回到自己专用的化妆间里开始卸妆换衣服。这个时候，化妆间的门突然被敲响了，在舞台上饰演诗蓝母亲的中年女演员走了进来。

诗蓝不知道她来找自己干什么，所以态度很不好。不过这位经历过无数风雨的女演员并不在意，而是非常认真地和她探讨刚才的排练中存在的问题，希望两个人能更好地磨合，在之后的演出中为观众奉献出更精彩的表演。

可是，对于前辈的指导，诗蓝完全听不进去，她斜着眼睛看着那个女演员，非常不客气地说道："我是专业出身，演技比你们要好不知道多少倍，还轮不到你来指导我。"

说完，她继续转身对着镜子卸妆，就像房间里没有人一样。过了不知多久，那个女演员才再次开口："你还年轻，做人做事都要懂得谦虚，否则你的成就只能止步于此了。"

"你说什么？"诗蓝生气了，她怒气冲冲地瞪着这个和她妈妈年纪差不多的女演员，挑衅的话脱口而出，"我说我比你演技好你还不服气是吗？要不要比一比，看看我们俩同时上台，观众是看你还是看我？"

"不用同时上台，就算我不上台，也能吸引全场的视线。"女演员留下这样一句话后离开了房间。

一周后，在新话剧首映的舞台上，诗蓝和那个女演员在台上表演一段对话，对话过程中，那个女演员一直在擦一个花瓶，台下的观众看得津津有味。突然，一阵电话铃声响起，按照情节安排，接下来女演员要退场，留诗蓝一个人在台上接听电话。

可是，当女演员离开时，因为担心自己的女儿，心不在焉地将手中的花瓶随意一放，花瓶摇摇晃晃的，一半立在桌子上，一半悬空。这惊险的一幕一下子吸引了台下观众的目光，在接下来的时间里，因为担心那只花瓶会掉落，观众们一直注视着它，完全没有心思欣赏诗蓝的表演，诗蓝第一次在舞台上失去了光芒。

等到话剧结束，诗蓝终于认识到了自己的错误，诚心向那位女演员道歉，并请教她是怎么做到让花瓶一半悬空却不掉下去的。

"很简单，"那位女演员回答说，"擦花瓶的时候，我已经用透明胶带把花瓶和桌子固定在了一起，所以它不可能掉下去。"

听完之后，诗蓝恍然大悟，羞愧地低下了头。

女孩成长加油站：

谦虚是使人进步的阶梯。一个自视甚高的人，无异于让高傲遮蔽了自己的双眼，只沉浸在自己的世界中，反而错失了和其他人交流学习的机会。学无止境，想要认识新的事物，学习新的知识，就必须保持一颗谦逊的心。取得一点成绩就骄傲的人，永远也无法长久地保持成功。

关爱女孩成长课堂

怎样做一个谦虚的女孩

虚心使人进步，骄傲使人落后，这是每个人都知道的名言，但是真正能做到的人寥寥无几。究其原因，是因为大多数人习惯盯着别人的缺点，却忘了反思自己。谦虚是让人终身受益的美德，一个懂得谦虚的人，才是真正懂得积蓄力量的人，也是能够收获良好人际关系的人。女孩们应该从小培养自己谦逊的品质，真正做到不骄矜，不自傲。

做一个谦虚的女孩，首先要摆正心态。古人云："人生而有涯，而知也无涯。"意思是说，人的生命是有限的，但知识是无限的。哪怕你考试考了100分，也只能证明你掌握了试卷上的知识点，而不是掌握了所有的知识。因此，平时要将自己的心态摆正，对自己取得的成绩保持清醒的态度，这是谦虚的前提。

做一个谦虚的女孩，言辞上要谦逊。没有人会喜欢一个总是高高在上、喜欢自夸的人。你每一次居高临下的言语，都是对别人自尊的伤害。生活中，要学会放低说话的姿态。面对别人的称赞，要始终谦和有礼，得意时不忘形。

做一个谦虚的女孩，行动上要低调。无数成功人士的经历告诉我们，懂得越多，越会对周围的世界、对他人保持敬畏。不管做什么事情，面对什么人，都要保持一种尊重和学习的态度。在面对别人的批评时保持冷静，遭到质疑时多向别人请教，避免过分张扬。

学会高效利用时间

刘晴毕业后进入一家跨国企业工作，一开始候大家都很照顾她，只分配给她一点简单的工作，等到她渐渐熟悉了环境，交到她手里的工作越来越多，也越来越复杂。

一开始，刘晴还为自己能参与到重要的工作中感到惊喜，可是随着时间的推移，她逐渐有一种力不从心的感觉。更糟糕的是，她觉得自己每天都很忙碌，一刻都没有停下来，可是一天下来，总是有好几项工作没有完成。为此，她已经被上司批评了很多次。

有一天快下班的时候，她又一次被上司叫到办公室，上司问她早上交给她的一项重要工作现在完成了没有。刘晴心里一紧，硬着头皮回答道："我今天一天都在忙其他事情，还没顾上这件事……"

还没等她说完，上司的脸就晴转阴，再开口时声音里都夹杂着怒火："早上我不是跟你说了吗？这件事情很重要，今天一定要拿出来结果，你是怎么做事的？"

刘晴委屈极了，她含着眼泪为自己辩解："经理，我今天的确有很多事情，每一件都很耗费时间，我真的没有偷懒。"

"不要找借口，没有完成就是没有完成，你这个月的绩效奖没有了！"上司完全不听她的解释，直接把她从办公室赶了出去。

下班后，整个公司的人都走了，刘晴一个人坐在座位上，一边哭一边做那件没有完成的工作。她真的不明白，为什么别人每天看起来不像她一样疲于奔命，却一样把工作做得很好。有好几次她去茶水间倒水，都看到同一个办公室的前辈们在那里边喝咖啡边聊天，而她像个陀螺一样，完全没有闲下来的时候。

寂静的夜里，刘晴越哭越伤心，等她终于把工作完成，发到经理的邮箱里，电脑上显示的时间已经是晚上十一点。她收拾东西正要离开，公司的门禁却突然发出"叮咚"一声。一个熟悉的身影走了进来，是那个下午才批评过她的经理。

刘晴的动作顿住了，她看着经理走到她面前，诚恳地对她说："我为我下午的恶劣态度向你道歉，但是，我也必须指出你的错误。"

经理拉开一张凳子坐下来，缓缓开口："也许你不知道，我是两个孩子的妈妈，无论是家里还是公司，都有无数事情在等着我去解决。就像现在，我只能趁着孩子睡着后赶来公司，处理白天没有处理完的事务，然后在凌晨前再赶回去。如果我像你一样，每天工作都处理不好，又怎么去过好自己的生活呢？"

听完经理的话，刘晴不由得惊呆了："可我每天看您都很游刃有余啊，您是怎么做到的呢？"

经理笑了："事情总有轻重缓急，你最大的问题就是做事情没有条理，别人交代你什么，你就做什么，当几件事情同时来到时，你就手忙脚乱不知道该怎么做了。这样一天下来，你并没有浪费一分钟，却也看不到什么成果。"

"对！就是这样！"刘晴激动得几乎要从座位上站起来，"可我应该怎么做呢？"

"很简单啊，工作和生活中琐碎的事情，你要给它们排个序，人的时间是有限的，一定的时间内总要有所取舍，等你明白了这个道理，就离掌控自己的人生不远了。"

这天夜里，刘晴回到家里久久没能入睡，她一直在思考经理说的话，

她觉得自己好像明白了什么。

女孩成长加油站：

世界上最快又最慢，最长又最短，最平凡又最珍贵，最易被人忽视又最易令人后悔的就是时间。懂得利用时间的人能够做时间的主人，让每一分每一秒都产生价值；而不懂得利用时间的人只能被时间奴役，最终付出了所有的努力，却得不到时间的认可。我们应该吸取故事中刘晴的教训，学会合理规划自己的时间，不做时间的奴隶。

关爱女孩成长课堂

女孩怎样学会管理自己的时间

时间对于每个人来说都是绝对公平的，一天24个小时，一个小时60分钟，一分钟60秒，谁也不会比谁多出哪怕一秒的时间。可是，明明是相同的时间，为什么有的人做成了一番事业，有的人却一生碌碌无为呢？究其原因，是对时间的掌控力不同。换句话说，就是谁能更好地利用时间，谁就掌握了人生的主动权。女孩们想要有所成就，就要培养自己管理时间的能力。

学会管理时间，首先要学会记录和检查。像故事中那位经理说的，每个人每天要接触许多事情，怎样在有限的时间里做更多的事情呢？这就需要你养成记录和检查的习惯。不妨准备一个随身携带的小本子，将自己每天要做的事情列出来，然后按照轻重缓急排个顺序，优先去做那些紧急且重要的事情，这样才能让自己的时间产生更多价值。

　　学会管理时间，其次要学会分析和判断。当你想做一件事情，或者一件事情交到你手里时，你要第一时间对它做出分析和判断，对于一些不重要的人和事，你要学会说"不"。比如你正在家里预习功课，这个时候有同学来约你出去逛街玩耍，两者孰轻孰重，你自己要有一个清晰的判断，进而做出正确的决定。

　　学会管理时间，还要学会提高做事效率。怎样提高做事效率呢？你要学会排除外界干扰，并且适当为自己所做的事情设限，由此激发自己的潜力，使自己集中注意力，在尽可能短的时间里完成你的工作，提高时间的利用率。

站好最后一班岗

陈雪是一家服装店的导购员，她在这家店已经工作了整整五年。一个月前，她向老板提出了离职的请求，等上完今天最后一班，明天她就要离职开始寻找新的工作了。

时间已是下午，店里并没有什么顾客，几个导购员站在那里昏昏欲睡，只有陈雪在店里走来走去，将之前客人试过的衣服整理好，小心地挂到衣架上。

这时，门铃突然"叮咚"响了一声，陈雪抬起头一看，是一个满头银发的老太太推门走了进来。

"欢迎光临！"陈雪露出笑容，热情地迎了上去。其他导购员看到是个老太太，全部不感兴趣地移开了视线。她们这里可是高档男装店，这个老太太一定是进错门了。

此时陈雪已经走到了老太太旁边，她贴心地询问有什么需要她帮忙的，老太太告诉她，她来这里是想要给儿子买一套西装。

"好的，请跟我来，您走慢一点。"陈雪带着老太太走在服装店里，一边配合老太太缓慢的步速，一边询问老太太儿子的年龄、职业以及着装要求等相关信息。

听到老太太的儿子是一个企业的总经理时，旁边距离较近的一个女孩不等陈雪反应，就跑过来毛遂自荐："老太太，您是要给儿子买西装吗？我来为您服务好了，她明天就要离职了。"

老太太的动作一顿，转头看了依然保持着微笑的陈雪一眼，客气地婉拒了那个女孩："谢谢你，不过不用了，我让她帮我介绍就好。"

那个女孩不甘心地瞪了陈雪一眼，转身去找别的导购员抱怨，留下陈雪继续陪着老太太在店里挑选。

老太太一边听着陈雪恰到好处的介绍，一边好奇地问她："她刚才说你明天要辞职了？"

"是的。"陈雪笑着回答，"今天是我在这里工作的最后一天，很高兴能为您服务。"

"为什么要辞职呢？是工作不开心吗？"老太太继续问道。

"不是的。"陈雪摇摇头，"我在这里工作了五年，学到了很多东西，我很感谢这里，但是，最近我突然想要学习一些新的知识，所以想换一个行业去试试。"

"是吗？"老太太若有所思地点点头，"新工作找好了吗？"

"还没有呢！"陈雪伸手拿过一套她觉得符合要求的西装，"不过我相信一定能找到的。"

老太太没有继续问下去，她兴致勃勃地在陈雪的介绍下打量起了那套西装，还时不时和陈雪沟通一些小问题。

半个小时后，老太太表示这里没有她满意的衣服，想要再去别的店看看，陈雪丝毫没有不高兴，依然彬彬有礼地将老太太送出了门。

临告别前，老太太突然又问了一句话："既然是最后一天上班了，你为什么不让自己轻松一点呢？再来客人完全可以让别人接待呀。"

陈雪听完笑了："不是这样的，当初是老板把刚毕业的我招进来，还教了我很多东西，就算我要辞职了，但是他的知遇之恩我不能忘。再说了，今天他可是付了我薪水的，我总要对得起这份薪水吧？"

陈雪用玩笑的方式结束了这段谈话，虽然她对老太太强烈要求知道她的联系方式感到奇怪，但是当新的客人来到时，她很快就将这件事忘在了

脑后。

第二天，清晨起来的陈雪刚要出门去找新的工作，结果接到了一个陌生的电话，请她去一家大企业面试总经理助理的岗位，她一头雾水地跑过去一试，竟然真的被录取了。

很久之后，她才知道，原来这家企业的总经理就是老太太的儿子。那天她在老太太面前的表现给老太太留下了深刻的印象，于是回去后，老太太极力向自己的儿子推荐她来任职，理由只有一个——懂得感恩的女孩难能可贵，连最后一班岗都能站好的员工更是宝藏。

而事实证明，老太太当初的判断并没有错，这种感恩的品质一直伴随着陈雪，让她在公司遇到困境时依然不离不弃，并最终成了这家公司的高级管理人员。

女孩成长加油站：

幸运的女孩往往拥有一个共同的品质，不管世事如何变幻，她们都始终懂得，在这纷扰的世间，要坚守自己做人的原则和底线。故事中的陈雪就是这样一个女孩，她聪明大度，认真负责，并不因为要辞职而对工作有所懈怠，反而牢记当初帮助过自己的人，牢记自己的职责，并最终收获了成功的事业和美满的人生。可见，任何美德和付出都不会白费，终有一日，它们会化为闪闪发光的宝石，赢得所有人的目光。

关爱女孩成长课堂

无愧于心，方得始终

无愧于事，不如无愧于身；无愧于身，不如无愧于心。当今社会，一个凡事能做到无愧于心的人不仅能得到他人的信任和尊重，更能在人生道路上赢得更多成功的机会。想要做一个无愧于心的女孩，应该从以下几个方面努力：

第一，树立正确的价值观。正确的价值观是一个人在社会上安身立命的基石，错误的价值观是人走向失败的根源。因此，女孩们要多向那些有着正确价值观的人学习，对自己所做的事负责到底，明确自己做人做事的底线。

第二，不因他人的评价而改变自己。人生应该有所坚持，有些对的事情不一定能得到别人的理解和认同，这时候，你就要学会屏蔽那些否定的声音，沉下心来做好自己应该做的事情，而不是为了取得别人的认可，违背自己的原则，让自己随波逐流或曲意奉承。

第三，对每一个帮过自己的人心怀感恩。人生道路上的每一步成长，都离不开身边的人无私帮助，也许他们并不需要你的回报，有时候甚至已经忘记了曾经的付出。但是，你不能忘记。很多时候，你给予的回报并不一定需要多么贵重，在力所能及的范围内做好你能做好的事情，就是对他们最好的感谢。

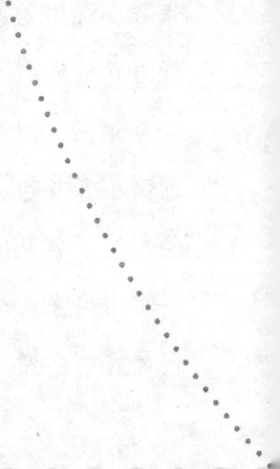

第八章

女孩的魅力源于修养

坦诚是最好的名片

每个人在一生中都或多或少地撒过谎，在人们看来，只要没有刻意伤害别人，平时撒个小谎是可以理解的，也是可以原谅的。因此，与其说撒谎是"恶小"，人们更愿意说这是一种坏习惯。

那么，这个坏习惯真的不会对别人造成伤害吗？

小丽和文清刚刚成为朋友，她们兴趣相投，有很多共同话题。在学校里，两个人经常形影不离，就连去厕所都要手拉手一起去，平时遇到难解的题也喜欢一起探讨。小丽是刚刚转学来的，这么快就结识了一个处得来的朋友，实在是令她非常高兴。她每天最不喜欢的就是放学，那意味着她要和好朋友分开，回到那个连邻居都不认识的新家。小丽虽然不舍得和文清分开，但她也不好意思老是黏着对方，只有到了周末，她才敢大大方方地把文清约出来玩。

小丽有约，文清当然欣然答应。小丽很高兴，早早地收拾好了东西，换上好看的衣服，准备和文清去逛街。

到了约定时间，文清还没有到，小丽打电话去问，得到的回答是在路上了。小丽又等了半个多小时才终于等到文清。第一次结伴出去玩，小丽没太在意文清迟到的事，何况她们玩得很开心。但没想到，她们第二次聚会的时候，文清又迟到了，小丽打电话去催，文清又说在路上了。小丽不由得疑惑，等文清到了以后，小丽忍不住说了两句抱怨的话，让她以后早点出门。

第三次、第四次……文清还是难以改变拖沓懒散的习惯，仍旧一次次迟到。小丽有点气愤，觉得每次都是自己苦等对方，实在有些不公平。于是，当她们又一次约好出来玩的时候，小丽生出了小小的报复心理，出门的时候磨磨蹭蹭，想故意让文清等自己一次。估计快到约定时间了，她主动打电话告诉文清，说今天错过了公交车。文清说没关系，让她慢慢来。

小丽问："你现在到哪里了？"

"我正在路上，就快到了。"

小丽问："你大概多久到啊？"

"二十分钟左右吧。"文清说。

小丽一听，顿时有点紧张，从她家里去约定地点差不多要半个小时，她必须出门了。她赶忙挂断电话，用半个小时赶到了约定地点。没想到，文清根本没来。小丽只好再次打电话去问怎么回事，文清用了堵车这个蹩脚的理由。小丽没办法，只好又等了半个小时。

见到文清以后，小丽没有说什么。经过这次的事，小丽发现，文清每次迟到都喜欢编一个理由。不知道为什么，文清就是不肯如实相告，文清每次都告诉对方自己会准时到达，但实际上每次都做不到。小丽并不介意朋友有拖延症，她虽然不喜欢等人，但和文清一起玩很开心，长时间等待的不高兴也会渐渐淡去。但是小丽还是不开心，她不由自主地想，文清这样做到底是为什么。

想了很久之后，小丽发现，原来她不开心的原因，不在于文清经常迟到，而是文清总是为自己的迟到找借口，撒谎骗她。这让她感觉对方并不尊重自己。如果是真正的好朋友，生活上的小事没必要隐瞒对方，有什么坏习惯也应该坦诚以告。

文清明明可以告诉小丽，自己有拖延症，或是真的有事耽搁，让对方晚半个小时再出门，就可以避免小丽一个人在外面等待，但她从来不说，反而编造各种理由来掩饰。在小丽看来，连这点小事都不能直接说明，还

要用谎言来掩饰的朋友，实在是太不把自己放在心上。很自然地，小丽渐渐不和文清相约出来了，她们的友谊也渐行渐远，止步于此。

女孩成长加油站：

长辈从小就教导我们不要撒谎，有时候我们会觉得一个小小的谎言无伤大雅，不会给别人带来伤害，可是谁又能保证呢？有时候小谎言也可能会在人与人之间造成隔阂，就像故事里的小丽，当她发现朋友喜欢对自己说谎后，觉得自己不被尊重，心里自然难过起来。友情需要真诚，只有坦诚以待，才会收获朋友的真心。

▌关爱女孩成长课堂

怎样做一个对朋友坦诚相待的女孩

在人际交往中，坦诚是一张名片，它能拉近人与人之间的距离，建立牢固的友谊。上文中的故事说明了朋友之间坦诚相待的重要性，而在现实生活中，女孩们如果想拥有真诚的朋友，首先要学会对朋友坦诚相待。

对朋友坦诚相待的前提是要意识到朋友是独立的个体。很多人都有一种错误的认识，觉得既然已经是朋友了，那么对方就应该无限度地理解自己、宽待自己。其实并不是这样，每个人都有被重视的需要，哪怕是朋友之间，如果其中一方总是被忽视和伤害，那么再好的朋友也会离你而去。

对朋友坦诚相待的关键是要主动向朋友展示最真实的自己。越是好的人际关系，就越需要双方展示真实的自我，及时将自己的真实想法和对方交流，一味地自我包装和自我掩饰是无法获得别人的信任的。

对朋友坦诚相待的本质是要有一颗温暖真诚的心灵。真正的友谊带给双方的必定是美好的感受，互相支持，互相陪伴，互相帮助。只有脱离了金钱、地位、容貌等外在事物去交友，才能让友谊之树结出丰硕的果实。

学会分享

初中二年级的暑假，因为珊珊的爸爸妈妈要出国工作两个月，就把珊珊送到了爷爷家里，为了补偿她，还给她买了很多书籍和漂亮的衣服，叮嘱她一定要听爷爷的话。

爸爸妈妈离开之后，珊珊很难过，干什么都提不起精神。爷爷发现了这一点，就偷偷拜托镇上的小姑娘们多去找珊珊玩，希望能让珊珊开心。

爷爷的办法很有效果，很快，珊珊就交到了好几个新朋友，新朋友们对大城市很好奇，经常对她身上漂亮的衣服和有趣的漫画书羡慕不已，这让珊珊心里满是骄傲。

"她们真可怜。"吃饭的时候，珊珊对爷爷说，"跟她们聊天我才知道，她们现在看的漫画书，竟然是我两年前就看过的。"

珊珊的语气里既有感慨又有鄙夷，爷爷想要开口说些什么，但是电话铃声突然响了，爷爷只好站起来先去接电话。

电话是爸爸妈妈打来的，他们问起珊珊在老家的生活，珊珊跑过去对着电话叽叽喳喳说了半天，听着听着，爷爷在一边皱紧了眉头。

没过几天，爷爷惊讶地发现，来找珊珊玩的小姑娘渐渐少了，偶尔来一两个，最后也会和珊珊不欢而散。

"怎么回事？你的朋友们怎么都不来了？"爷爷问珊珊。

珊珊一听就生气了："谁知道？我不过就是不肯把漫画书借给她们，她们就生气了，我才生气呢！"

"那你为什么不想把漫画借给她们，你们不是朋友吗？"

"那可是我最喜欢的漫画。"珊珊理直气壮地说，"万一借给了她们，她们弄脏弄破了怎么办？再说了，她们什么都没看过，借了这一本，还会借下一本的，我可不想把我的漫画书借给那么多人。"

听完之后，爷爷很久都没有说话，他想了想，决定给孙女珊珊讲一个故事。

"从前，有一个喜欢种花的姑娘，一次很偶然的机会，她得到了一包很珍贵的花种，她谁也没有告诉，把它们种在了花园里。到了第二年，这种珍贵的花开了，果然和想象的一样漂亮，周围的邻居们纷纷前来观赏，有人请求姑娘给他几粒种子，结果却被姑娘拒绝了，她想让自己的花园独一无二，当然不愿意和邻居们分享。就这样，又过了两年，花园里的花每年都开，但奇怪的是，每一年开的都不如前一年好。姑娘感到非常奇怪，就请来了一位花卉专家，想要找出问题所在。专家沿着她的花园转了一圈，又去周围邻居家的花园里看了看，回来给姑娘出了一个主意，那就是把她珍藏的花种送给大家，姑娘按照专家的话做了，花园里的花终于越来越漂亮。你知道这是为什么吗？"

"为什么？"珊珊被这个故事吸引了。

"那是因为，花朵和花朵之间也会相互影响，如果只有一个花园里种着这种花，等到开花的时候，风会把周围其他普通花的花粉吹过来，时间长了，再珍贵的花也会渐渐变得普通。而按照专家的方法，姑娘把她的花种分享给大家，没有了普通花的花粉影响，花园里的花才会越来越漂亮。"爷爷语重心长地说道，"人和人之间同样如此，如果不懂得分享，你失去的或许比你想象的还要多。"

深夜，珊珊躺在床上，回想起爷爷讲的故事，决定第二天就去找她的新朋友们，把她所有的漫画书都借给她们。

这一天晚上，珊珊做了个梦，梦里，大家捧着漫画书坐在一起，开心地聊着天，每个人的脸上都挂着开心的笑容。

女孩成长加油站：

每个人的心中都有一座花园，当你将你的花园向别人敞开时，收获的不仅是别人的欣赏，更是珍贵的友谊。有人说，将你的快乐与人分享，那么快乐将增加一倍。所以，学会分享是一种智慧，真正属于你的美丽，不会因为分享而被削弱，反而会因为分享而大放异彩。

怎样做一个善于分享的女孩

分享是一种态度，分享是一种美德，也是让世界变得更加美好的动力源。善于分享的人总是能发现更多的快乐，同时也能收获更多的朋友。每个女孩都应该学会分享，让分享的意识融入自己的生活之中。

学会分享，首先要树立自信。自信是分享的前提，只有不害怕别人因为得到自己的分享而超越自己的人，才有分享的勇气。因此，女孩们要树立正确的意识，分享自己的东西不会让你的东西被抢走，你的优秀靠的是不断追求进步的心灵和永不停止的步伐，而不是自以为是和故步自封。

其次，分享是双向的。分享不是单向运动，而是一个双向交流互动的过程。在你分享的过程中，要学会多聆听、多观察被分享人的看法和反应，比如，当你和朋友分享一本好书，在对方读完后，你们可以一起交流彼此的收获，这样不仅可以开阔视野，提高自己对书的认识，同时也可以在相互探讨中反思自我，产生新的观点或者见解。

最后，分享要以诚相待。分享者和被分享者处在平等的位置上，分享者并不高人一等。像故事中的珊珊，从一开始就认为自己比新朋友们见识广，心理定位决定了她无法获得他人真诚的友谊。因此，在现实生活中，要学会怀着一颗真诚的心去分享和交流，只有这样，才能真正从分享中受益，因分享而快乐。

丢掉你的"有色眼镜"

在一个城市的市中心，有一家占地面积很大的公司，这里有造型美观的办公楼，也有提供给员工们散步的后花园，每一个在这家公司工作的人都感到十分幸运。

有一天，一个穿着高级套装的女士带着一个小男孩走进了这座后花园，她看起来怒气冲冲的，不由分说地拉着小男孩在一张长椅上坐了下来，然后开始大声斥责。小男孩害怕地站在那里，很快就被骂哭了。

看到男孩的眼泪，女士露出了非常不耐烦的神情，她从口袋里掏出纸巾，草草地给男孩擦干眼泪，然后粗鲁地把纸巾团在一起扔在了地上，尽管距离长椅两步远的地方就有一个垃圾桶。

这个时候，一直在不远处修剪花草的老人默默走过来，弯腰把纸团捡起来丢进了垃圾桶。但是，男孩的哭泣却没有停止，在接下来的十分钟里，这位女士一边不停地骂着，一边把给男孩擦泪的纸巾像之前一样扔在一边，而那个捡垃圾的老人每次看到纸巾落地，都会不厌其烦地走过来，把垃圾捡起再丢进垃圾桶里。

终于，女士对孩子失去耐心，她指着刚刚直起腰捡拾垃圾的老人对小男孩说："看见没有？如果你不听我的话，不好好学习，将来就会像这个老头一样，做一个低贱、肮脏而且没有人尊敬的清洁工。"

"女士，你这样说是不对的。"正要离开的老人听完这些话，一下子站住了，然后严肃地说道，"我不认为职业有贵贱之分，即使是一名清洁工，也值得所有人尊重。"

"在我眼里，清洁工就是低贱的。"女士扬起下巴不屑地说，"而且，我在教育自己的孩子，你没有插嘴的权利，现在，请你立刻离开！"

老人并没有离开，他站在那里眯了眯眼睛，问了一个问题："如果我没有记错的话，这里是公司的后花园，非本公司的员工，是没有权利站在这里的。"

"当然！"那位女士骄傲地昂起头，"我是这家公司的工作人员，就在你身后的这座大厦上班。"

得到答案的老人什么也没说，只是拿出手机拨打了一个电话，然后沉默地走到一边，继续修剪他的花草。

女士被他的态度气得七窍生烟，正要走过去理论，结果却看到花园的入口处有一个熟悉的身影急匆匆地赶过来，她认出那正是公司负责人事的经理，刚想打个招呼，没想到那个经理却径直走到老人身边，毕恭毕敬地弯下腰问道："请问您有什么吩咐？"

老人从花丛中抬起头，平静地说："我建议免去旁边这位女士在公司的所有职务。"

"是，我马上去办！"人事经理连理由都没问，直接就答应了。

而这时候，老人走到还在抽泣的男孩身边，蹲下来摸了摸他的头："小朋友，你要记得，人不仅要好好学习，更重要的是要学会尊重每个人，无论他是什么职业。"

说完，老人背着手离开了。如遭雷击的女士追上人事经理问这一切是怎么回事，人事经理同情地望着她："刚才你见到的并不是什么清洁工，他是这家公司的总裁。"

女孩成长加油站：

职业没有贵贱之分，人也没有贵贱之分，因为戴着"有色眼镜"看人，故事中的女士付出了惨痛的代价，而这一切，都是源于她对别人的轻视和不尊重。

我们决不能让偏见和轻视蒙蔽了自己的眼睛，要像那位总裁先生说的一样，学会尊重每一个人。只有这样，我们才能真正领悟到生命的真谛，收获更加美好的明天。

▌关爱女孩成长课堂

女孩怎样学会尊重他人

德国著名哲学家叔本华曾经说过："要尊重每一个人，不论他是何等的卑微与可笑。要记住，活在每个人身上的是和你我相同的性灵。"懂得尊重他人的人，也会获得别人的尊重。女孩们要从小学会尊重他人，提高自己的修养。

学会尊重他人，首先要学会欣赏他人的长处。孔子曰："三人行，必有我师焉。"每个人身上都有闪光点，只有带着虚心的态度和智慧的眼光，才能发现这些闪光点。因此，女孩们在与他人相处的过程中，要时刻保持谦虚的心态，多多看到对方的优点，对照自己的不足，取长补短，尊重他人。

学会尊重他人，其次要从身边的小事做起。尊重他人并不是一句空口号，而应该体现在行动上。比如上课时认真听讲，是对老师的尊重；下课后不在教室里过分喧哗，是对同学的尊重；见到身体不便的人不去嘲笑，是对残疾人的尊重；回家后对父母说一声"辛苦了"，是对父母的尊重。

学会尊重他人，还要提高自己的文明礼仪。接受了别人的帮助，道一声"谢谢"；因为自己的疏忽影响了他人，及时说一声"对不起"；出门时整理好自己的仪表，和人说话时直视对方的眼睛，这些都是文明礼仪的表现，同时也是对别人的尊重。

学会尊重的技巧

一天，放学回到家里的小秋一脸闷闷不乐，正在整理房间的妈妈看到了，就走过来问她是不是遇到了什么不开心的事情。

"是的，妈妈，我今天很生气！"小秋放下手中的书包，一屁股坐在沙发上，"刚才我在公交车上，遇到了一个胖乎乎的阿姨，以为她怀了小宝宝，就说：'阿姨您肚子里有小宝宝，座位让给您。'结果，她不仅没有感谢我，还很不高兴地瞪了我一眼，说自己没有怀孕，害得一车人都笑话我。"

听完小秋的叙述，妈妈笑了："你是不是觉得自己明明做了好事，结果却让两个人都不开心？"

"对啊！"小秋重重地点头，生气地说道，"难道我尊重别人、帮助别人也有错吗？"

"尊重别人、帮助别人当然没有错，但是有时候也要讲究技巧和方法。"妈妈坐到小秋身边，给她讲了一个故事。

有一个双腿残疾的青年，坐着轮椅到一所大学的图书馆里去听讲座，但是到了那里之后，他才发现从图书馆的大厅到讲座的教室还有两级台阶，而旁边没有可以供轮椅上去的坡道。

年轻人就使出了浑身的力气，想要自己把轮椅摇上去，但是他尝试了很多次，都卡在了最后一级台阶上，怎样都无法前进。眼看着讲座的时间就要到了，他急得满头大汗，但是强烈的自尊心又使他不愿意向别人求助，只好一个人徒劳地努力着。

这个时候，从图书馆外面突然走过来一个漂亮的姑娘，她一眼就看到了年轻人的窘状，却并没有马上走上去帮忙，而是从口袋里掏出来一枚硬币，装作若无其事的样子走到了年轻人身边。

"当啷"一声，硬币从姑娘的手中落了下来，并且很巧地掉在了轮椅的后面，姑娘微微一笑，对年轻人说："不好意思，我可能需要扶一下您的轮椅，才能捡起硬币。"

在得到年轻人的允许后，姑娘弯下腰，在捡起硬币的同时，轻轻地推了轮椅一把。就是这一推让卡在最后一级台阶上的轮椅终于爬了上去，年轻人也露出如释重负的笑容，对那个翩然离去的姑娘大声说了一句："谢谢你。"

故事听完了，小秋若有所思。

妈妈笑着问道："如果你是那个姑娘，你会怎么做？"

"我……"小秋皱紧了眉头，"我可能会走上去直接问这个年轻人需不需要帮助。"

"那如果你是那个年轻人呢？虽然身体残疾，但并不希望别人怜悯自己。"妈妈又问，"在冲过去直接要求帮忙的人和故事里巧妙提供帮助的姑娘之间，哪一种让你更有被尊重的感觉？"

"应该是那位姑娘吧！"小秋露出恍然大悟的表情。

"所以，如果让你再回到公交车上，你还会用同样的方法让座吗？"

"不，我不会了！"小秋脸上的郁闷一扫而空，说道，"我会告诉那位阿姨，我马上就要下车了，然后再把座位让给她。"

"这就对了！"妈妈欣慰地点点头，"你要记得，不管是表示对别人的尊重，还是提供给别人帮助，都要站在对方的角度考虑问题，这样才能保护别人的自尊，从而也提高自己的修养，明白了吗？"

"明白了！"小秋大声地回答。

女孩成长加油站：

生活中，我们经常会遇到和小秋一样的状况，很多时候我们都想不明白，为什么明明是一番好意，结果却没有收获应有的感谢呢？读了这个故事，希望大家能够明白，并不是所有的尊重和帮助都需要赤裸裸地表达出来，有时候适当地利用一些技巧，可能会收到意想不到的效果。

每个人都有自尊，而我们对别人的尊重，要建立在不伤害别人的自尊基础上。因此，用委婉、巧妙的表达方式给予他人帮助是对他人人格最好的尊重。

关爱女孩成长课堂

女孩怎样有技巧地帮助他人

帮助他人是值得肯定的行为，但是如果不讲究技巧，也会给别人带来尴尬，甚至伤害他人的自尊。女孩们既要做一个乐于助人的热心人，也要懂得有技巧地帮助他人。

第一，在为别人提供帮助时不要直接说出对方的难处。故事中让座的小秋和帮助残疾人的姑娘采取就是截然不同的两种方式，最后得到的结果也不同。因此，在帮助别人时，不要刻意指出对方的不便，尽可能让自己的帮助显得自然，这既能很好地帮助对方，也是对他人人格的尊重。

第二，在提醒对方错误的时候要委婉。无论是家人、同学还是陌生人，一旦发现对方有不足的地方或者对方忽视的错误，要学会委婉地提醒，而不是直接指出来。例如，当你发现同学某道题计算错误，你用"这道题你可以再考虑一下"的提醒方式就比"这道题你做错了"的说法要更容易让人接受。

第三，不要勉强别人一定认同自己的看法。很多时候，事情并不是非黑即白，不同的人看待同一件事，可能会有不同的看法，这些看法之间没有对错。所以，一个懂得尊重别人的人，要有容忍别人和自己看法不同的大度，不会勉强别人一定要和自己的观点一致。正是因为有了不同的思路，世界才变得更加丰富多彩。

换位思考很重要

王运是一名外卖送餐员。有一天，由于恶劣的雨雪天气导致道路湿滑，交通事故频发，城市交通堵塞严重。等王运好不容易提着外卖赶到客户李女士所在的楼层时，已经比规定到达的时间晚了二十分钟。

王运上班没多久，但他知道如果收到客户差评，那他这个月不但没有奖金，还要被扣工资。于是，他诚惶诚恐地跟李女士道歉："对不起，李女士，我给您送餐迟到了。"

李女士是一位高级白领，穿着时髦，但神色非常冷漠。她抬手摸了摸餐盒，发现餐盒都已经凉了，于是一抬手把王运提的餐盒打落在走廊上，傲慢地对王运说："说对不起有什么用？你晚一分钟就会耽误我宝贵的一分钟时间！还把冷了的饭菜送来，这我能吃得下吗？"

王运没想到李女士会发这么大火，他连连道歉："是我的错！您给我一个机会，我可以重新给您再送一份午餐过来，或者我直接赔您这份午餐的钱，好吗？"

"等你再送过来，我气都气饱了！你不知道上班族最重要的就是要用餐准时吗？就是因为你们这些送外卖的人不敬业，拖拖拉拉，才害得我们上班族闹胃病的那么多！真是活该收到那么多差评！"

李女士不依不饶，王运低着头任由客户发泄怒火。最后，王运不得不给了双倍的午餐赔偿金，才让李女士的怒火平息。因为李女士的这一单，王运一上午的辛苦工作都白做了。但更让他难过的是李女士对待他那种颐指气使、毫不尊重的态度。

　　而李女士那边，当她把自己教训一位送餐迟到的外卖员的事当作谈资讲给同事们听的时候，她还不知道之前的那一幕已经被她的上司尽收眼底。李女士所在的部门有一位副经理离职，李女士因为业绩出色，成了空缺职位最有潜力的候选人。其他同事都认为无论从业绩还是资历来说，李女士得到这个职位应该是十拿九稳了，但没想到在公司月度会议上公布的副经理人选却是另一名男同事。那名男同事因为非常懂礼貌和有风度，跟公司同事以及合作伙伴的关系都非常好。

　　李女士不明白为什么自己会失去这个职位，便去找上司询问自己竞聘失败的原因。上司对她说："管理者除了带领团队创造好的业绩，还有很重要的一点就是要得到团队的信任和支持。什么样的人能得到团队的信任和支持呢？是懂得换位思考、顾及别人感受、懂得尊重别人的人！小李，那天你对待外卖送餐员的一幕我都看到了。懂得尊重他人的人，才能用自身的素质和修养受到他人的拥戴。这一方面你欠缺的太多了！"

　　李女士一句反驳的话也说不出来。她没想到只是因为自己对外卖员的一次发火和抱怨，就失去了宝贵的升职机会，还失去了上司对她的信任。

女孩成长加油站：

　　有教养的人是懂得尊重他人的人。无论对方是何种身份，从事何种行业，都应该把对方当成跟自己地位平等的人来对待，并且要懂得换位思考，理解他人的难处。只有这样，你才会成为有修养、值得别人尊重和信任的人。故事里的李女士对待外卖送餐员的恶劣言行，不仅让她在上司心中留下了负面的印象，也失去了宝贵的升职机会。

怎样做一个懂得换位思考的女孩

什么是换位思考？换位思考就是站在对方的角度思考问题。一个懂得换位思考的人，一定是一个能够理解他人、尊重他人的人。想要成为一个懂得换位思考的女孩，应该从以下几个方面努力：

学会换位思考，尊重他人，首先要做到放下自己的偏见。这个偏见可能是因为职业，可能是因为金钱，也可能是因为社会地位。只有当你不把这些外在因素作为评价他人的标准，放下自己的偏见，将自己摆在对方的位置上，才能真正理解对方。故事中的李女士正是因为没有放下自己的身份，用所谓的白领身份去面对外卖员，才会做出那些十分失礼的行为并为此付出了代价。

学会换位思考，尊重他人，还要拥有同理心和爱心。人生不易，每个人都在努力地生活，就像故事中的外卖员一样，即使天气恶劣依然要冒着风雨为顾客送餐。因此，在遇到自己觉得不公平的事情时，一定要先克制住自己的脾气，将自己转换成对方的身份思考一下，由此产生的同理心，就能平复我们的怒气，避免失态。

只有懂得换位思考，才能做到像善待自己一样善待他人。

成为温暖的人

　　米莉转学到新学校的第一天，就感觉到了学校里气氛冷漠。当时她正走在校园里，因为要去教务处办理转学手续，但是怎么找都找不到正确的方向，于是就叫住了走在前面的一个同学，礼貌地询问道："同学，请问教务处怎么走？"

　　但是，让米莉觉得吃惊又难过的是，那个同学回头看了她一眼，一句话都没说，转身就走掉了。

　　"也许他没听清我说的是什么，我再找一个人问问看吧！"米莉安慰自己。

　　过了几分钟，又走过来一个漂亮的女生，于是米莉又走过去问道："同学，你能告诉我教务处该怎么走吗？"

　　下一秒，那个女生冲着米莉翻了一个白眼，也一言不发地走掉了。

　　"怎么回事？难道这里的人都不喜欢和陌生人说话？"

　　米莉又尝试了好几次，但是每一次遇到的人不是装作没听到，就是听见了也不回答，等到米莉终于千辛万苦找到教务处的时候，她已经在校园里转了整整三十分钟。

　　办理转学手续的过程很顺利，但是米莉一点都不觉得开心，特别是在她走进新班级做了自我介绍后，发现讲台下的同学不是用冷漠的目光望着她就是低头忙自己的事情对她爱理不理，米莉就开始无比想念她以前所在的学校了。

　　"这里一点都不好，同学们实在是太冷淡了，我觉得自己在这样的环

境里快要窒息了。"

回到家里，米莉忍不住向妈妈抱怨。

听完米莉愁眉苦脸的叙述，妈妈想了想，问米莉："既然同学们都很冷淡，那你有没有继续努力呢？"

"当然没有！"米莉大叫，"我说话都没有人理我，我才不要去自讨没趣呢！"

"那既然你也和他们一样沉默又冷淡，那为什么还要抱怨其他人呢？"妈妈反问她。

"我……"米莉想要辩解，却不知道该怎么说，一下子卡在了那里。

看到米莉一脸迷茫的样子，妈妈终于笑了，她温柔地摸了摸米莉的头发，给她讲了一个故事。

有一个国家，人们习惯把自己裹在厚厚的棉袄里，从头到脚都藏得严严实实，从来都不愿意让别人看见自己的样子，也不互相交流。有一天，冬风和春风路过这里，看到了这神奇的一幕，冬风就说："这样生活有什么意思，看我把他们的衣服都吹跑！"

于是，它铆足了力气，呼呼地刮起了西北风，寒风里，人们把身上的衣服捂得更严实了，冬风挫败地放弃了。

"该看我的了。"这时，春风笑着吹过来，它携带着温暖的力量，徐徐地吹向大地和河流，慢慢地，大地变绿了，冰块消融了，人们渐渐感觉到了温暖，一个个迫不及待地脱下了身上厚厚的棉袄，露出了本来的面目，大街上很快传来一片欢声笑语。

"亲爱的，这个故事告诉我们，用冷漠去对抗冷漠永远都不可能成功，真正有效的是用你的心温暖别人啊！"妈妈最后说道。

米莉听了妈妈的话，决定第二天就改变自己的方式，她不再因为赌气而不和别人说话，而是用真心的笑容去对待身边的每一个人，她的执着改变了一个人、两个人……在米莉的影响下，终于有一天，整个学校不再是一团坚冰，大家学会了和别人交流，学校里的气氛也变得融洽了。

女孩成长加油站：

人不可能脱离社会而独立存在，我们每时每刻都在和身边的人发生着各种各样的交集。在这些交往中，有些是令人喜欢的正能量，有些则是令人讨厌的负能量。我们在接收正能量的同时，也要学会通过自己的努力，把那些负能量转化为正能量，通过自己的努力营造和谐的氛围。

关爱女孩成长课堂

怎样做一个能温暖别人的女孩

在所有的人际交往里，能够带给别人温暖和幸福的人永远都是最受欢迎的。人类是向往光明和温暖的生物，没有人能拒绝别人的笑脸。而我们在温暖别人的同时，其实也是在温暖自己，这样的温暖，最终都将转化为我们前行的力量。

那么，要怎样做才能成为一个能带给别人温暖的女孩呢？

想要带给别人温暖，首先要让自己成为一个温暖的人。要用一颗乐观的心去看待周围的事物，不要愁眉苦脸，时刻保持微笑，充实自己的生活，让自己对未来充满信心，将帮助他人当成自己的快乐之源。

其次，温暖体现在细节上。真正的温暖并不一定表现得十分热烈，有时温暖更像是春雨一样，温柔无声地浸润人的心田。所以，哪怕只是平常

的一个问候、一个笑容，都能给人带来温暖，关键看你是否愿意去做。

最后，不要让周围冷漠的环境改变你，而是你要试着去改变环境。有时候，环境也许并不尽如人意，冷漠的人随处可见，但是，你要时刻提醒自己不能被他们同化，即使微笑换来的是冷漠的面容，但只要你坚持下去，总有一天，会像春风让冰封的河流解冻一样，你带来的温暖也会改变别人的态度。

修养是最好的敲门砖

一个公司要招聘新人，很多人前来报名，经历过了严格的笔试，有二十人进入了最后的面试环节。

总经理亲自负责面试，面试的地点就在他的办公室。面试当天一大早，二十位候选人早早就来到了等候室里，他们都很想打败身边的其他对手，得到这个工作机会，因此，坐下之后，每个人都显得十分戒备，几乎没有人交谈。

其中有一个女孩，看起来非常不起眼，她是最后一个进来的。在她坐下后不久，很快就有工作人员来宣布今天的面试顺序，同时发放给他们一些公司的宣传彩页，以供大家在等待时阅读。

等待面试的人心不在焉地接过工作人员手中的彩页，有人匆匆扫了一眼就放在了一边，也有人连看都没看直接将彩页当成扇子扇起了风，当最后一份彩页递到坐在最外侧的女孩手中时，女孩连忙站了起来，双手接过那份彩页，并且真诚地说了一声："谢谢。"

面试的顺序是按照大家到来的次序安排的，女孩理所当然被安排到了最后。但是，她看起来似乎并不着急，而是拿着彩页认真地看了起来。等她把所有的彩页看完，又依照原样把彩页仔细折叠好，安静地坐在那里继续等待。

墙上的时钟慢慢地走着，等候室里的人越来越少。有的人离开时因为紧张，不小心将凳子带歪了一些，也有人将擦手的纸张随手扔在脚下，女孩看到后，沉默地将凳子扶正，又将垃圾丢进垃圾桶。

终于轮到女孩了，她站起身，整理好自己的头发和衣着，确信自己没有留下任何东西后，将手中的彩页双手递回给前来通知她的工作人员，然后微笑着走向经理办公室。

一天后，女孩接到了公司的录取电话，而且是总经理亲自打来的。得知了总经理这个决定，有人感到非常疑惑，前来请教总经理："她没有任何工作经验，和其他人相比，优势并不突出，您为什么会选择她呢？"

听到这个问题，总经理笑了："那是因为，修养就是一个人最好的敲门砖啊！"

见下属还不明白，总经理继续解释道："面试那天她是最后一个进等候室的，那是因为，她帮公司的清洁阿姨搬了两次水；工作人员发放彩页的时候，只有她站起来用双手去接，并且在道谢过后认真阅读，离开时原样还回来；进我办公室的时候，只有她捡起了门口我故意放在那里的一本书，其他人都是直接跨过；面试结束的时候，只有她鞠躬致谢，还将自己的凳子恢复原位。这么多的细节，已经足够让我看出来谁才是最适合公司的人。因为修养是比经验更重要的东西，所以我相信她一定能给公司带来好的变化。"

事实证明，总经理的判断一点都没错。这个女孩入职后，很快得到了公司所有人的信任和喜爱。她做事认真负责，待人如沐春风，每一个和她共事的人都被她的修养和细心折服，公司的精神面貌在她的带动下焕然一新，而女孩也因为业绩突出，走上了更重要的工作岗位。

女孩成长加油站：

细节之处见人品，一个人的修养体现在无数细节之中。做事先做人，这是亘古不变的道理。一个人不管多聪明，多能干，如果没有良好的修养，注定得不到别人的尊重。相反，拥有了良好的修养，就意味着拥有了良好的开端。故事中女孩的成功并非偶然，她的每一个行为都为自己增加了胜利的砝码，最终使她在所有竞争者中脱颖而出。

▌关爱女孩成长课堂

女孩怎样提高自己的个人修养

修养体现着一个人的品德，一个有良好修养的人，身上隐藏着无穷的魅力。修养是无往不胜的利器，拥有良好个人修养的女孩是最美丽的。而想要提高个人修养，需要从以下几个方面努力：

第一，要多读书。人生漫长，知识浩瀚，读书是最快汲取前人智慧、丰富自我认知的方法。对于提高个人修养同样如此，只有拥有深厚的文化底蕴，才能用更理性的目光看待自己和世界，从而明辨是非，分清善恶，懂得美丑，做一个时刻警醒自己的人。

第二，要有礼貌。对别人的礼貌建立在尊重的基础上，每个人的存在都有自己的价值，所有为你提供了便利的人都值得感谢。无论身处什么样的场合，面对什么样的人，都要做到有礼有节，受人恩惠要致谢，给人添麻烦要道歉，这是做人最起码的准则。

第三，要慎独。慎独的意思是，在独自一人时，也要做到严守本分，表里如一。修养不是做给别人看的，而应该是深植于内心的本能，只有在

无人监督时依然做好自己应该做的事情，才算是达到修养的最高境界。

修养无声，却拥有无法估量的力量，影响着人生的高度。所以，做一个有修养的女孩，是对人生、对自己的最好回报。